多馈入直流输电原理与稳定控制

李从善 著

U0244509

北京航空航天大学出版社

内 容 简 介

本书系统地介绍了多馈入直流输电的原理和控制策略。

本书共分为 6 章。第 1 章是常规直流和柔性直流输电系统概况;第 2 章描述了直流输电系统数学模型与基本控制策略;第 3 章深入讨论了常规多馈入直流控制策略;第 4 章较详细地讨论了混合多馈入直流换相失败预防控制;第 5 章探讨了混合多馈入直流控制策略;第 6 章简要介绍了含风电的混合多馈入直流控制研究。

本书可作为高等院校电气工程及自动化专业的本科生或研究生的参考用书。

图书在版编目(CIP)数据

多馈入直流输电原理与稳定控制 / 李从善著. --北京 : 北京航空航天大学出版社,2022.12

ISBN 978 - 7 - 5124 - 3928 - 3

Ⅰ. ①多… Ⅱ. ①李… Ⅲ. ①直流输电—理论②直流输电—稳定控制 Ⅳ. ①TM721.1

中国版本图书馆 CIP 数据核字(2022)第 199764 号

多馈入直流输电原理与稳定控制

李从善 著

策划编辑 周世婷 责任编辑 龚 雪

*

北京航空航天大学出版社出版发行

北京市海淀区学院路 37 号(邮编 100191) http://www.buaapress.com.cn
发行部电话:(010)82317024 传真:(010)82328026
读者信箱:goodtextbook@126.com 邮购电话:(010)82316936
北京建宏印刷有限公司印装 各地书店经销

*

开本:787×1 092 1/16 印张:11.25 字数:288 千字
2022 年 12 月第 1 版 2022 年 12 月第 1 次印刷
ISBN 978 - 7 - 5124 - 3928 - 3 定价:59.00 元

若本书有倒页、脱页、缺页等印装质量问题,请与本社发行部联系调换。联系电话:(010)82317024

前　言

　　1989 年,我国首个高压直流输电工程——±500 kV 葛洲坝至上海直流工程投入运营,输电距离为 1 046 km,最大传输功率达 1 200 MW。这比全球率先建设现代高压直流输电系统的苏联晚了 35 年。我国的直流输电起步晚但发展快,尤其是近 20 年以来,我国常规直流输电和柔性输电都得到了飞速发展。目前,我国是直流输电技术电压等级最高、规模最大的国家,由此形成的大规模交直流混联输电系统是极其复杂的大电网,其运行控制异常复杂。对于多条直流(常规直流、常规直流和柔性直流)馈入到电气距离较近的交流系统而形成的多馈入直流或者混合多馈入直流,还有许多值得深入研究的问题。作者结合近年来的教学和科研成果,在多馈入直流输电方面做了一些研究工作,希望能够对从事于相关研究的学者提供一定的帮助。

　　本书共分为 6 章。第 1 章是常规直流和柔性直流输电系统概况,简要介绍直流输电的发展史,常规直流输电和柔性直流输电系统的组成及结构,目前的柔性直流输电工程等;第 2 章描述直流输电系统的数学模型与基本控制策略,重点阐述晶闸管换流器和全控型换流器的工作原理,以及常规直流输电和柔性直流输电系统主控制策略;第 3 章深入讨论了常规多馈入直流附加控制策略,主要包括附加阻尼控制、紧急功率支援控制、辅助频率控制等;第 4 章较详细地讨论了混合多馈入直流换相失败预防控制,简要分析影响换相失败的因素,介绍柔性直流辅助无功控制、STATCOM 对抑制常规直流换相失败的影响;第 5 章是混合多馈入直流控制策略研究,探讨了混合多馈入直流的功率支援控制和附加阻尼控制;第 6 章是含风电接入的混合多馈入直流控制研究,简要介绍风电场接入对混合多馈入直流输电系统阻尼特性的影响,以及风电与混合多馈入直流联合阻尼控制。

　　限于作者理论水平和实践经验有限,本书的不足之处,敬请读者不吝指教。

作　者
2022 年 10 月

目　　录

第1章 常规直流和柔性直流输电系统

1.1 直流输电概述

直流输电,顾名思义即指以直流电的形式来实现电能的传输。目前电网中的发电和用电大部分采用交流电,要想以直流的形式传输电能必须经过换流。换句话说,就是在送端将交流电整流为直流电,经过直流线路送往受端,在受端将直流电逆变为交流电后再送到受端的交流系统中,供给用户使用。在送端,实现整流的装置称为整流器,整流器与变压器、母线、无功补偿装置等整合在一起的整体称为整流站。在受端,实现逆变的装置称为逆变器,同样,逆变器与变压器、母线等装置整合在一起的整体称为逆变站。整流站和逆变站统称为换流站。

1.1.1 直流输电发展历程及现状

按照输送电流的性质,输电分为交流输电和直流输电。电力技术最早是从直流电开始的,早期的直流输电是直接从直流电源送往直流负荷,无须进行换流。

19世纪80年代第二次工业革命期间,法国科学家德普勒用米斯巴赫煤矿中的直流发电机以1 500~2 000 V的电压将电力送往57 km外的慕尼黑国际展览会上,完成了人类历史上的第一次直流输电的实验。而在当年还进行着一场轰轰烈烈的以特斯拉对决爱迪生的交直流世纪之战(见图1-1),该战成为了决定电力命运的奠基事件。最终,凭借发电领域的同步电机、输变电领域的绕组变压器、用电领域的异步电机以及保护领域的零点灭弧断路器等的优势,交流电在百年时间里主导着电网的发展,将电力这一清洁能源送至千家万户。

图1-1 特斯拉和爱迪生交直流输电之争

直至电力电子技术的出现,才为直流输电的崛起带来了机遇。1954年世界上第一条投入商业运营的高压直流输电系统在瑞典建成,标志着直流输电技术进入了新阶段。尤其是高压大功率晶闸管的研制成功,有效改善了直流输电的运行性能和可靠性,更促进了直流输电技术的快速发展。目前,国家电网公司运行的数条特高压交流输电线路,其传输容量和经济效益并没有随着电压的增长和输送距离的增加而达到预期,而绝缘成本和运行成本却在飙升,甚至需要降压运行来维持电网稳定,可以预见特高压交流输电无法进行洲际电网互联,也就无法实现全球能源互联网。但直流完全可以做到,现有的主力常规直流输电(line commutated converter based high voltage direct current,LCC‐HVDC)以跨区域、远距离、大容量传输闻名,并且拥有丰富的运行管理经验。近年来,直流输电技术又取得了重大突破,1999 年 ABB 公司投入运行了世界上第一条商业化的柔性直流输电(voltage source converter based high voltage direct current,VSC‐HVDC)工程,2010 年世界上第一条模块化多电平 VSC‐HVDC 工程在旧金山投入运行,即 MMC‐HVDC(modular multi‐level converter based high voltage direct current)。VSC‐HVDC 以效率高、控制自由度多著称,在能源互联网领域具有更大的潜力。直流输电在经历数百年的低迷之后,再次进入了电力工程师的视野。

1.1.2　直流输电与交流输电对比分析

1. 技术性

① 功率传输特性。交流为了满足稳定问题,常需要采用串补、静补等措施,有时甚至不得不提高输电电压,这将增加很多额外的电气设备,代价昂贵。直流输电没有相位和功角,无须考虑功角稳定问题,这是直流输电的重要特点,也是它的一大优势。

② 线路故障时的自防护能力。交流线路单相接地后,其消除过程一般约 0.4～0.8 s,加上重合闸时间,约 0.6～1 s 恢复。直流线路单极接地,整流、逆变两侧晶闸管阀立即闭锁,电压降为零,迫使直流电流降到零,故障电弧熄灭,不存在电流无法过零的困难,直流线路单极故障的恢复时间一般在 0.2～0.35 s 以内。

③ 过负荷能力。交流输电线路具有较高的持续运行能力,其最大输送容量往往受稳定极限限制。直流输电一般设计有过负荷能力,直流输电过负荷的设计要求主要取决于两端交流系统的要求。其设计之初的作用主要是当受端交流系统存在故障时可以对其进行紧急功率支援,或者是利用直流功率来调制交流系统的低频振荡等。过负荷具体分为连续过负荷、短时过负荷、暂时过负荷三类。通常连续过负荷的电流设定为其额定电流的 1.05 倍。规定运行 2 h 作为短时过负荷的持续时间,通常短时过负荷电流取值为其额定电流的 1.1 倍。暂时过负荷是指在 3～10 s 内,电流取值通常可以达到额定电流的 1.3～1.5 倍,其目的是利用直流输电的快速大容量调节来提高交流系统暂态稳定性。直流的过负荷能力要强于交流系统。

④ 潮流和功率控制。交流输电取决于网络参数、发电机与负荷的运行方式,值班人员需要进行调度,但又难以控制。直流输电能够全自动控制,控制系统响应快速、调节精确、操作方便、能实现多目标控制。

⑤ 短路容量。两个系统以交流互联时,将增加两侧系统的短路容量,有时会造成部分原有断路器不能满足遮断容量要求而需要更换设备。以直流互联时,不论哪里发生故障,在直流线路上增加的电流都不大,因此不增加交流系统的断路容量。

⑥ 电缆。电缆绝缘用于直流的允许工作电压比用于交流时高 2 倍,例如 35 kV 的交流电缆容许在 100 kV 左右直流电压下工作,所以在直流工作电压与交流工作电压相同的情况下,直流电缆的造价远低于交流电缆。

⑦ 输电线路的功率损耗。在直流输电中,直流输电线路沿线电压分布平稳,没有电容电流,在导线截面积相同、输送有用功率相等的条件下,直流线路功率损耗约为交流线路的 2/3,并且不需要并联电抗补偿。

⑧ 线路走廊。按同电压 500 kV 考虑，一条 500 kV 直流输电线路的走廊约 40 m，一条 500 kV 交流线路走廊约为 50 m，但是一条同电压的直流线路输送容量约为交流的 2 倍，直流输电线路走廊的传输效率约为交流线路的 2 倍甚至更多。

⑨ 其他。直流输电不能用常规变压器来改变电压等级，换流站的费用高，控制复杂。

2. 可靠性

（1）强迫停运率

强迫停运是指未在计划安排内，强行迫使变压（换流）站或线路停止运行。强迫停运率是指系统强迫停运小时数与投入小时数和强迫停运小时数之和的比，用百分比表示，如表 1-1 所列。

表 1-1　强迫停运率数据对比

名　　称	交流		直流	
	单回	双回	单极	双极
线路（次/百千米/年）	0.299	0.054	0.126	0.055
两端换流站（次/年）	0.560	0.120	4.8	0.20

（2）电能不可用率

电能不可用率（energy unavailability，EU）是指给定时间内由于计划停运、非计划停运或降额运行造成的输电系统输送能量能力的降低率，即 $EU = 1 - EA$，EA 为能量可用率（energy availability），如表 1-2 所列。

表 1-2　电能不可用率数据对比

名　　称	电能不可用率/%			
	输电容量损失 50%		输电容量损失 100%	
	交流	直流	交流	直流
线路	0.75	0.07	0.050	0.016
变压（换流）站	0.07	0.62	0.007	0.002
总计	0.82	0.69	0.057	0.018

3. 经济性

就变电和线路两部分看，直流输电换流站投资占比很大，而交流输电的输电线路投资占主要成分。直流输电功率损失比交流输电小得多，当输送功率增大时，直流输电可以采取提高电压、增加导线截面的办法，交流输电则往往采用增加回路数的方法。在某一输电距离下，两者总费用相等，这一距离称为等价距离。等价距离是一个重要的工程初估数据，如图 1-2 所示。超过这一距离

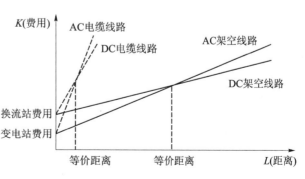

图 1-2　直流和交流输电成本

时,采用直流输电经济;反之,采用交流输电经济。

1.1.3 直流输电技术发展

直流输电技术的关键在于换流问题,其主要推动力是组成换流器的基本元件发生了革命性的重大突破。根据换流技术的发展,直流输电可以分为三个时期,即汞弧阀换流时期、晶闸管阀换流时期以及新型半导体换流设备时期。

(1) 汞弧阀换流时期(第一代直流输电技术)

1901 年发明的汞弧整流管只能用于整流,不能逆变。1928 年研制成功了具有栅极控制能力的汞弧阀,既可以整流又可以实现逆变,使直流输电成为现实,所用的换流器拓扑是 6 脉动 Graetz 桥,但存在制造复杂、价格昂贵、故障率高、可靠性低、维护不便等缺点,其主要应用于 1970 年代以前。

(2) 晶闸管阀换流时期(第二代直流输电技术)

20 世纪 70 年代后,大功率晶闸管问世,促进了直流输电技术的发展。相较于汞弧阀换流器,晶闸管的制造、运行维护和检修都比较简单方便,之后的直流工程都采用晶闸管换流阀,所用的换流器拓扑仍然是 6 脉动 Graetz 桥,因而其换流理论与第一代直流输电技术相同,其应用于 1970 年代初以及之后一段时间。

通常将基于 Graetz 桥式换流器的第一代和第二代直流输电技术称为传统直流输电技术,其运行原理是电网换相换流理论。因此,也将传统直流输电所采用的 Graetz 桥式换流器称为电网换相换流器(line commutated converter,LCC)。需要说明一点,电流源换流器(current source converter,CSC)与电网换相换流器(LCC)是两个概念。LCC 属于 CSC,但 CSC 的范围要比 LCC 宽广得多,基于 IGBT 构成的 CSC 也是业界目前研究的一个热点。

(3) 新型半导体换流设备时期(第三代直流输电技术)

20 世纪 90 年代后,IGBT 得到广泛运用。1990 年,基于电压源换流器的直流输电概念首先由加拿大麦吉尔大学的 Boon-Teck Doi 等提出(见图 1-3)。在此基础上,ABB 公司于 1997 年 3 月在瑞典中部的 Hellsjon 和 Grangesberg 之间进行了首次工业性试验(3 MW,±10 kV),标志着第三代直流输电技术的诞生。这种以可关断器件和脉冲宽度调制(PWM)技术为基础的第三代直流输电技术被国际权威学术组织国际大电网会议(International Council on Large Electric Systems,CIGRE)和美国电气和电子工程师协会(Institute of Electrical and Electronics Engineers,IEEE)正式命名为电压源换流器型直流输电,即 VSC-HVDC。2006 年 5 月,中国电力科学研究院组织国内权威专家在北京召开"轻型直流输电系统关键技术研究框架研讨会",会上与会专家一致建议将基于电压源换流器技术的直流输电统一命名为柔性直流输电。

目前实际运行的直流输电工程根据换流技术可分为常规直流输电工程(采用晶闸管技术)与柔性直流输电工程(采用 IGBT 电压源换流器)。

图 1-3 加拿大麦吉尔大学的 Boon-Teck Doi

1.1.4　柔性直流与传统直流对比分析

两电平、三电平或 MMC 换流器都属于电压源换流器,其基波频率下的外特性是完全一致的。

柔性直流系统外特性图如图 1-4 所示,柔性直流系统外特性公式如下:

$$\begin{cases} P = \dfrac{U_{sys}U_{vsc}}{X}\sin\delta \\[2mm] Q = \dfrac{U_{sys}(U_{sys} - U_{vsc}\cos\delta)}{X} \end{cases} \tag{1-1}$$

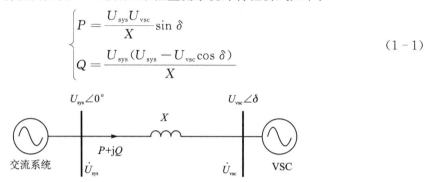

图 1-4　柔性直流系统外特性图

与 LCC 相比,VSC 具有的根本性优势是多了一个控制自由度。LCC 因为所用的器件是晶闸管,晶闸管只能控制导通而不能控制关断,因此 LCC 的控制自由度只有 1 个,就是触发角 α,这样 LCC 实际上只能控制直流电压的大小。而 VSC 因为所用的器件是双向可控的,既可以控制导通,也可以控制关断,因而 VSC 有 2 个控制自由度,反映在输出电压的基波相量 U_{vsc} 上,就表现为 U_{vsc} 的幅值和相位都是可控的。因此从交流系统的角度看,VSC 可以等效成一个无转动惯量的电动机或发电机,几乎可以瞬时地在 PQ 平面的 4 个象限内实现有功功率和无功功率的独立控制,这就是电压源换流器的基本特性。而柔性直流输电系统的卓越性能在很大程度上就依赖于电压源换流器的基本特性。

柔性直流输电相对于传统直流输电的技术优势如下:

① 没有无功补偿问题。LCC 由于存在换流器的触发延时角 α(一般为 10°～15°)和关断角 γ(一般为 15°或更大)以及波形的非正弦,需要吸收大量的无功功率,其数值约为换流站所通过的直流功率的 40%～60%,因而需要大量的无功功率补偿及滤波设备,而且在甩负荷时会出现无功功率过剩,容易导致过电压。而 VSC 不仅不需要交流侧提供无功功率,而且本身能够起到静止同步补偿器的作用,可以动态补偿交流系统无功功率,稳定交流母线电压。这意味着交流系统故障时,如果 VSC 容量允许,那么 VSC 既可向交流系统提供有功功率的紧急支援,还可向交流系统提供无功功率的紧急支援,从而既能提高所连接系统的功角稳定性,还能提高所连接的电压稳定性。

② 无换相失败问题。传统直流输电受端换流器(逆变器)在受端交流系统发生故障时,很容易发生换相失败,导致输送功率中断。通常只要逆变站交流母线电压因交流系统故障导致瞬间跌落 10%以上幅度,就会引起逆变器换相失败,而在换相失败恢复前,传统直流系统无法输送功率。而 VSC 采用的是可关断器件,不存在换相失败问题,即使受端交流系统发生严重故障,只要换流站交流母线仍然有电压,就能输送一定的功率,其大小取决于 VSC 的电流容量。

③ 可以为无源系统供电。传统直流输电需要交流电网提供换相电流,这个电流实际上是相间短路电流,因此要保证换相的可靠性,受端交流系统必须具有足够的容量,即必须有足够的短路比(short circuit ratio,SCR),当受端交流电网比较弱时,便容易发生换相失败。而VSC 能够自换相,可以工作在无源逆变方式下,不需要外加的换相电压,受端系统可以是无源网络,克服了传统直流输电受端必须是有源网络的根本缺陷,使利用直流输电为孤立负荷送电成为可能。

④ 可同时独立调节有功和无功功率。传统直流输电的换流器只有 1 个控制自由度,不能同时独立调节有功功率和无功功率。而柔性直流输电的 VSC 具有 2 个控制自由度,可以同时独立调节有功功率和无功功率。

⑤ 谐波水平低。传统直流输电的换流器会产生特征谐波和非特征谐波,必须配置相当容量的交流侧滤波器和直流侧滤波器才能满足将谐波限定在换流站内的要求。柔性直流输电的两电平或三电平 VSC,采用 PWM 技术,开关频率相对较高,谐波落在较高的频段,可以采用较小容量的滤波器解决谐波问题;对于采用 MMC 的柔性直流输电系统,通常电平数较高,不需要采用滤波器已能满足谐波要求。

⑥ 适合构成多端直流系统。传统直流输电电流只能单向流动,潮流反转时,电压极性反转而电流方向不动,因此在构成并联型多端直流系统时,单端潮流难以反转,控制很不灵活。而 VSC 电流可以双向流动,直流电压极性不能改变,因此构成并联型多端直流系统时,在保持多端直流系统电压恒定的前提下,通过改变单端电流的方向,单端潮流可以在正、反两个方向上调节,更能体现出多端直流系统的优势。

⑦ 占地面积小。柔性直流输电换流站没有大量的无功补偿和滤波装置,交流场设备很少,因此比传统直流输电占地面积少得多。

当然,柔性直流输电相对于传统直流输电也存在不足,主要表现在如下几个方面:

① 损耗较大。传统直流输电的单站损耗已低于 0.8%,两电平和三电平 VSC 的单站损耗在 2%左右,MMC 的单站损耗可以低于 1.5%。柔性直流输电损耗下降的前景包括两个方面:第一,现有技术的进一步提高;第二,采用新的可关断器件。柔性直流输电单站损耗降低到1%以下是可以预期的。

② 设备成本较高。就目前的技术水平,柔性直流输电单位容量的设备投资成本高于传统直流输电。同样,柔性直流输电的设备投资成本降低到与传统直流输电相当也是可以预期的。

③ 容量相对较小。由于目前可关断器件的电压、电流额定值都比晶闸管低,如不采用多个可关断器件并联,VSC 的电流额定值就比 LCC 的低,因此 VSC 基本单元(单个两电平或三电平换流器或单个 MMC)的容量比 LCC 基本单元(单个 6 脉动换流器)的容量低。目前已投运或正在建设的柔性直流输电工程的最大容量在 1 000 MW 左右,与传统直流输电的 6 000 MW以上还存在一定的差距。但是,如果采用 VSC 基本单元的串、并联组合技术,柔性直流输电达到传统直流输电的容量水平是没有问题的,技术上并不存在根本性困难。可以预见,在不远的将来,柔性直流输电也会采用特高压电压等级,其输送容量会与传统特高压直流输电相当。

④ 不太适合长距离架空线路输电。目前柔性直流输电采用的两电平和三电平 VSC 或多电平 MMC,在直流侧发生短路时,即使 IGBT 全部关断,换流站仍然会通过与 IGBT 反并联的二极管向故障点馈入电流,从而无法像传统直流输电那样通过换流器自身的控制来清除直流侧的故障。所以,目前的柔性直流输电技术在直流侧发生故障时,清除故障的手段是跳开换流

站交流侧开关。这样,故障清除和直流系统再恢复的时间就比较长。当直流线路采用电缆时,由于电缆故障率低,且如果发生故障,通常是永久性故障,本来就应该停电,因此跳开交流侧开关并不影响整个系统的可用率。针对此缺陷,目前柔性直流输电技术的一个重要研究方向就是开发具有直流侧故障自清除能力的 VSC。

柔性直流输电、常规直流输电与交流输电方式的对比如表 1-3 所列。

表 1-3　柔性直流输电、常规直流输电与交流输电方式对比

对比项目	常规直流输电	柔性直流输电	交流输电
受端电网要求	系统容量大,有足够的短路比	对于受端系统容量无要求	需要有较强电源支撑
受端无功需要	需要大量无功	不需要无功	需要无功
受端是否为有源	必须是	可以不是	必须是
有功与无功控制	无法独立控制	可以独立控制	无法控制
构建多端网络	难以构建	易于构建	易于构建
短路电路	短路电流不变	短路电流不变	短路电流增大
可靠性	较低	较低	较高
造价	换流站造价高,线路造价较低	常规直流的 4~5 倍	变电站造价较低,线路造价高
通信系统	需要	不需要	需要
线路损耗	较小	较小	较高
异步互联	可以	可以	不可以
海底送电	适宜	适宜	不适宜
谐波影响	有影响	有影响	没影响

1.1.5　目前国内外直流输电工程现状

我国发展直流输电技术时间较早,应用范围较广。为了长江三峡水利资源的开发与电力外送,我国于 1958 年提出直流输电。1963 年在中国电力科学研究院建成 1 000 V、5 A 的直流输电物理模拟装置。20 世纪 70 年代以后,在上海和西安建设了使用晶闸管及数字式控制保护系统的直流试验装置与试验工程。自 20 世纪 80 年代我国建设第一个直流输电工程——舟山直流输电工程以来,国内直流技术发展迅速,现已建成两端直流及多端直流系统,并采用了常规直流技术及柔性直流技术,无论从输送容量或者输电距离来看,我国都已成为直流输电第一大国,直流工程建设技术国际领先。国内现有直流工程概况如表 1-4 和表 1-5 所列。

表 1-4　我国已投运的晶闸管换流直流输电工程

序　号	工程名	额定电压 /kV	额定电流 /A	额定容量 /MW	输送距离 /km	投运年份
1	舟山直流	±100	500	100	54	1989
2	葛南直流	±500	1 160	1 160	1 046	1990

序 号	工程名	额定电压/kV	额定电流/A	额定容量/MW	输送距离/km	投运年份
3	天广直流	±500	1 800	1 800	960	2001
4	嵊泗直流	±50	600	60	66	2002
5	三常(龙政)直流	±500	3 000	3 000	890	2003
6	三广(江城)直流	±500	3 000	3 000	940	2004
7	贵广Ⅰ回(高肇)直流	±500	3 000	3 000	882	2004
8	灵宝直流(背靠背)	120	3 000	360	0	2005
		167	4 500	750		2009
9	三沪(宜华)直流	±500	3 000	3 000	1 048	2006
10	贵广Ⅱ回(兴安)直流	±500	3 000	3 000	1 194	2007
11	高岭直流(背靠背)	±125	3 000	1 500	0	2008
		±125	3 000	1 500		2012
12	德宝直流	±500	3 000	3 000	545	2010
13	云广(楚穗)直流	±800	3 125	5 000	1 438	2010
14	向上(复奉)直流	±800	4 000	6 400	1 891	2010
15	呼辽(伊穆)直流	±500	3 000	3 000	908	2010
16	宁东(银东)直流	±660	3 030	4 000	1 335	2011
17	三沪Ⅱ回(林枫)直流	±500	3 000	3 000	976	2011
18	黑河直流(背靠背)	±125	3 000	750	0	2011
19	青藏(柴拉)直流	±400	1 400	1 200	1 038	2011
20	锦苏直流	±800	4 500	7 200	2 059	2012
21	糯扎渡—广东(普侨)直流	±800	3 125	5 000	1 413	2013
22	溪洛渡右岸—广东(牛从)直流	±500	3 200	2 * 3 200	2 * 1 223	2013
23	哈郑(天中)直流	±800	5 000	8 000	2 192	2014
24	溪浙(宾金)直流	±800	5 000	8 000	1 653	2014
25	宁浙(灵绍)直流	±800	5 000	8 000	1 720	2016
26	酒泉—湖南(祁韶)直流	±800	5 000	8 000	2 383	2017
27	晋北—南京(雁淮)直流	±800	5 000	8 000	1 119	2017
28	锡泰直流	±800	6 250	10 000	1 620	2017

序　号	工程名	额定电压/kV	额定电流/A	额定容量/MW	输送距离/km	投运年份
29	扎鲁特—青州（鲁固）直流	±800	6 250	10 000	1 320	2017
30	昌吉—古泉（吉泉）直流	±1 100	5 455	12 000	3 324	2018

表 1 - 5　我国已投运和在建的柔性直流输电工程

序号	工程名	额定电压/kV	额定容量/MW	投运年份
1	上海南汇风电场柔性直流输电工程	±30	18	2011
2	南澳三端柔性直流输电工程	±160	200	2013
3	舟山五端柔性直流输电工程	±200	400	2014
4	厦门柔性直流输电工程	±320	1 000	2015
5	鲁西背靠背联网工程	±350	1 000	2016
6	渝鄂背靠背联网工程	±420	2 500	2019
7	张北四端柔性直流输电工程	±500	3 000	2020

直流输电技术在国内外众多大型工程中得到应用，有力推动了电网发展，技术进步，保证了地区清洁能源的开发与经济发展的能源供应。

1.2　常规直流输电系统组成及基本结构

1.2.1　常规直流输电系统主要设备

常规高压直流输电系统主要由整流站、逆变站和直流输电线路，以及接地极、接地极引线、控制保护系统等构成，如图 1-5 所示。

（1）换流器

换流器完成交-直流和直-交流转换，由阀桥和有抽头切换器的变压器构成。阀桥包含 6 脉波或 12 脉波的高压阀。换流变压器向阀桥提供适当等级的不接地三相电压源。由于变压器阀侧不接地，直流系统能建立自己的对地参考点，通常将阀换流器的正端或负端接地。

（2）平波电抗器

这些大电抗器具有高达 1.0 H 的电感，在每个换流站与每极串联时，主要起以下作用：

① 降低直流线路中的谐波电压和电流；
② 防止逆变器换相失败；
③ 防止轻负荷电流不连续；
④ 限制直流线路短路期间整流器中的峰值电流。

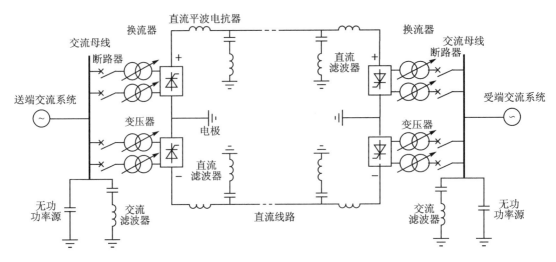

图 1 - 5　常规双极高压直流输电系统主要元件

（3）谐波滤波器

换流器在交流和直流两侧均产生谐波电压和谐波电流，这些谐波可能导致电容器和附近的电机过热，并且干扰远动通信系统。因此，在交流侧和直流侧都装有滤波装置。

（4）无功功率支持

直流换流器内部要吸收无功功率。在稳态条件下，所消耗的无功功率是传输功率的 50% 左右。在暂态情况下，无功功率的消耗更大。因此，必须在换流器附近提供无功电源，对于强交流系统，通常用并联电容补偿的形式。根据直流联络线和交流系统的要求，部分无功电源可采用同步调相机或静止无功补偿器（static var compensator，SVC）。用作交流滤波的电容也可以提供部分无功功率。

（5）电　　极

目前大多数的直流联络线设计采用大地作为中性导线。与大地相连接的导体需要有较大的表面积，以便使电流密度和表面电压梯度最小，这个导体被称为电极。如果必须限制流经大地的电流，可以用金属性回路的导体作为直流线路的一部分。

（6）直流输电线

直流输电线可以是架空线，也可以是电缆。除了导体数和间距的要求有差异外，直流线路与交流线路十分相似。

（7）交流断路器

为了排除变压器故障和使直流联络线停运，在交流侧装有断路器。它们不是用来排除直流故障的，因为直流故障可以通过换流器的控制更快地清除。

1.2.2　常规直流输电系统主要结构

根据直流系统与交流系统连接端口数量，直流输电系统可分为两端直流输电系统与多端直流输电系统，其中两端直流输电系统根据直流回路的构成可分为单极系统、双极系统和背靠背系统。

1. 单极系统

单极系统可以采用正极性或负极性。在换流站出线端对地电位为正的称为正极，为负的则为负极,所连输电导线则称为正极/负极导线(线路)。单极直流架空线路通常采用负极性(即正极接地),这是因为正极导线的电晕电磁干扰和可听噪声均比负极导线的大。同时由于雷电大多为负极性,所以正极导线雷电闪络的概率也比负极导线高。

(1) 单极大地(海水)回线方式

单极大地(海水)回线方式的两端换流站均需要接地,大地/海水相当于直流输电线路的一根导线,流经它的电流为直流输电工程的运行电流,如图 1-6 所示。由于地下/海水中长期有大直流电流流过,故会引起接地极附近地下金属构件的电化学腐蚀以及中性点接地变压器直流偏磁的增加,从而造成变压器磁饱和等问题。

单极大地回线方式结构简单,利用大地省去一根导线,线路造价低。但是运行可靠性和灵活性较差;接地极要求高,投资增加。单极大地回线方式适合高压海底电缆工程。

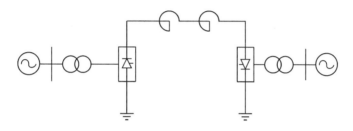

图 1-6　单极大地(海水)回线方式

(2) 单极金属回线方式

单极金属回线方式是指用低绝缘的金属返回线代替地回线,金属返回线一端需要接地,其不接地端的最高运行电压为最大直流电流在金属返回线上的压降(见图 1-7)。在运行中,地中无电流流过,可以避免电化学腐蚀和变压器磁饱和等问题,但是线路投资和运行费用较单极大地回线方式高。单极金属回线方式适合接地极困难、输电距离较短的直流工程。

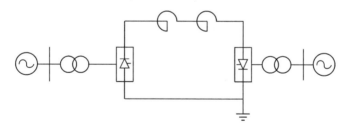

图 1-7　单极金属回线方式

(3) 单极双导线并联大地(双金属)回线方式

单极双导线并联大地(双金属)回线方式是指利用已有输电导线,为降低线路损耗而采用的一种单极大地回线方式,如图 1-8 所示。

2. 双极系统

实际工程中大多采用双极系统。双极系统是由两个可独立运行的单极系统组成的,便于工程分期建设。同时,在运行中当一极出现故障停运时,可自动转为单极系统运行。因此,在实际运行中,单极系统的运行方式依然常见。

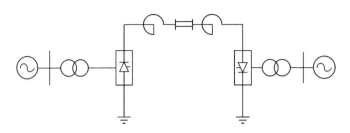

图 1 - 8　单极双导线并联大地(双金属)回线方式

（1）双极两端中性点接地方式

双极两端中性点接地由两个独立运行的单极大地回路系统构成，两端换流站的中性点均接地，大地回路可作为输电系统的备用导线（见图 1 - 9）。正常运行时，直流电流的路径为正负两根极线，正负两极在地回路中的电流方向相反，地中电流为两极电流之差。

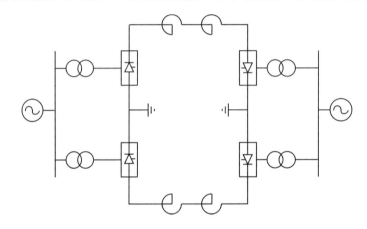

图 1 - 9　双极两端中性点接地方式

双极的电压和电流均相等时称为双极对称运行方式，不相等时称为电压或电流的不对称运行方式。双极电流相等时，地中无电流流过，实际上仅为两极的不平衡电流，通常不平衡电流小于额定电流的 1%。

双极两端中性点接地方式的运行灵活性高，可根据具体情况转为三种单极方式运行：单极大地回线、单极金属回线和单极双导线并联大地回线方式。

在故障极停运时，健全极自动形成单极大地回线方式运行。同时，可以利用直流输电工程的过负荷能力，短时内使健全极的输送功率大于额定值，以减少对两端交流系统的冲击。

在双极对称运行时，若一端接地极系统故障，可将故障端换流站的中性点（neutral point）自动接到换流站内的接地网（earth mat）上临时接地，并断开故障的接地极，以便进行故障接地极的检修工作。

（2）双极一端中性点接地方式

实际工程中很少采用双极一端中性点接地方式（见图 1 - 10）。当一极线路发生故障需要退出工作时，必须停运整个双极系统，没有单极运行的可能性。该方式的优点是运行中地中无电流流过，但运行可靠性和灵活性较差。

（3）双极金属中线方式

当不允许地中流过直流电流或接地极很难选址时才采用双极金属中线方式（见

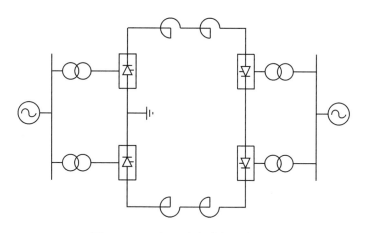

图 1-10　双极一端中性点接地方式

图 1-11）。该方式相当于两个可独立运行的单极金属回线系统共用一条低绝缘的金属返回线/中性线,运行中地中无电流流过。金属返回线一端需要接地,其不接地端的最高运行电压为最大直流电流在金属返回线上的压降。

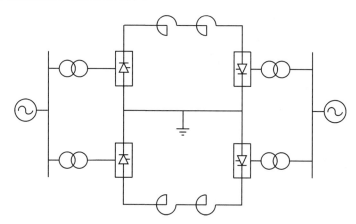

图 1-11　双极金属中线方式

　　双极金属中线方式的运行可靠性和灵活性较高。当一极线路发生故障时,可自动转为单极金属回线方式运行;当换流站的一个极发生故障需要退出工作时,可先转为单极金属回线方式运行,还可转为单极双导线并联金属回线方式运行。但是由于双极金属中线方式采用三根导线组成输电系统,故线路结构复杂、造价较高。

3. 同极系统

　　同极系统是指同极联络线导线数不少于两根、所有导线同极性的系统(见图 1-12)。通常导线为负极性,因为这样由电晕引起的无线电干扰较小。同极系统采用大地作为回路,当一条线路发生故障时,换流器可为余下的线路供电。这些导线有一定的过载能力,能承受比正常情况更大的功率。

4. 背靠背直流系统

　　背靠背直流系统多用于异步联网,是以交流-直流-交流两次换流的方式实现两个非同步运行

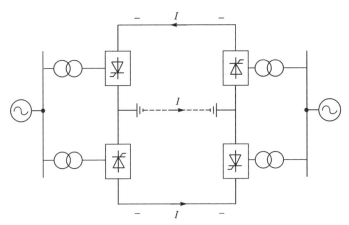

图 1-12 同极联络线结构

(不同频率或频率相同但非同步)的交流电
力系统间的联络,而无直流输电线路的电力
工程设施(见图 1-13)。直流侧闭环回路
内的整流器和逆变器经平波电抗器直流
相连。

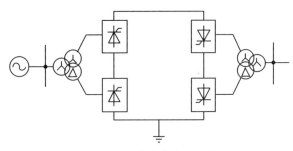

图 1-13 背靠背直流系统

直流侧可选择低电压大电流,充分
利用大截面晶闸管的通流能力。因为直
流电压低,所以可降低直流设备造价。
同时,直流侧谐波不会造成对通信的干扰,可降低对直流侧滤波器的要求,并且可以减小平波
电抗器的电感值。

5. 多端直流输电系统

多端直流输电系统是由三个或三个以上换流站以及换流站间的高压直流输电线路所组成
的,可以解决多电源供电或多落点受电的输电问题,可以联系多个交流系统,或者将交流系统
分成多个孤立运行的电网。

多端直流输电系统中的换流站可以作为整流站或逆变站运行,但整流站运行的总功率与
逆变站运行的总功率必须相等,即整个多端系统的输入和输出功率必须平衡。换流站间的连
接方式可以为并联(见图 1-14)或串联方式,输电线路可以是分支形或闭环形。多端直流串

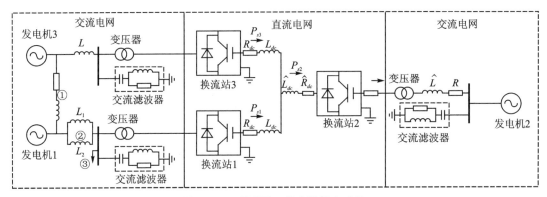

图 1-14 并联型三端直流输电系统

联和并联的对比如表 1 - 6 所列。

表 1 - 6　多端直流串联和并联对比

	串联方式	并联方式
运行方式	同一直流电流下运行	同一直流电压下运行
有功调节	改变直流电压	改变直流电流
调节方式	调节换流器的触发角 α 或换流变压器的分接开关(tap changer)	调节换流器的触发角 α 或换流变压器的分接开关
功率因素	无功功率大,直流侧电压高,直流电流大,经济性能差	换流器功率因数大,无功功率小,系统损耗小,经济性能好
潮流反转	改变换流器触发角,不需要改变换流器直流侧接线,潮流反转操作快速方便	改变换流器触发角,需要将换流器直流侧两个端子的接线倒换过来接入直流网络,潮流反转操作不方便
换流站故障	投入旁通开关,不需要直流断路器来断开故障	需要直流断路器来断开故障

1.3　柔性直流输电系统组成及基本结构

　　柔性直流输电系统换流站的主要设备一般包括:换流阀、换相电抗器、换流变压器、启动电阻、交流接地装置、直流电缆、避雷器、控制保护系统、辅助系统(水冷、空调)等。VSC - HVDC 组成如图 1 - 15 所示。

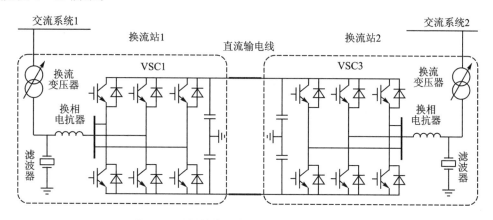

图 1 - 15　柔性直流输电系统主要设备示意图

　　(1) 换流变压器

　　换流变压器的作用包括:在交流系统和电压源换流站间提供换流电抗;进行交流电压变换,使电压源换流站获得理想的工作电压范围;阻止零序电流在交流系统和换流站间流动。

　　(2) 启动电阻

　　系统启动之前,MMC 各功率模块电压为零,换流阀中电子元器件处于关断状态。启动电阻限制功率模块电容的充电电流,减少柔性直流系统上电时对交流系统造成的扰动和防止换流器阀上二极管的过流。启动电阻串联安装于换流变压器阀侧或交流系统侧,仅在系统启动时工作,启动结束后由旁路开关将启动电阻旁路。启动电阻应满足不同的启动要求,包括一端交流电源对本端换流器功率模块电容充电和一端交流电源对两端换流器功率模块电容同时充电。电阻应具有足够的短时电流耐受能力和能量耐受能力,并且满足开始充电至换流器解锁的时间要求(包括交流侧充电和直流侧充电)。

(3)换相电抗器

桥臂电抗器是电压源换流阀与交流系统之间传输功率的纽带。其主要功能如下:抑制换流阀输出电流、电压中的谐波分量;系统发生扰动或短路时,抑制电流上升率和限制短路电流峰值;抑制桥臂环流。阀电抗器可采用空心电抗器,每个换流器配置 6 个。

(4)避雷器

柔性直流输电系统采用无间隙金属氧化物避雷器(MOA)作为过电压保护的关键设备,它对过电压进行限制,为设备提供保护。选择避雷器参数时,应综合考虑系统最大持续运行电压、荷电率、保护水平和能量要求等因素。

(5)测量设备

电子式电压互感器和电子式电流互感器是柔性直流系统的测量设备。柔性直流测量设备的制造难点在于速度要求高、延时要求高。为了避免短路故障电流造成 IGBT 器件损坏,对于阀控系统的过流保护动作的快速性有着苛刻的要求,要求采集桥臂电流的互感器信号传输延时小于 $100~\mu s$。柔性直流测量能够准确测量故障时电流上升过程,具有高采样速度和宽量程。常规直流和柔性直流测量要求对比如表 1-7 所列。

表 1-7   常规直流和柔性直流测量要求对比

	常规直流测量要求	柔性直流测量要求
采样频率	10 kHz	50 kHz
采样延时	0.5 ms	$100~\mu s$
量程	6.0~7.0 pu	15.0 pu

(6)换流阀

换流阀是柔性直流输电换流站中的核心设备,用于实现交\直和直\交变换。

如图 1-16 所示,半桥式 MMC 子模块的基本构成为:T_1—上管 IGBT;T_2—下管 IGBT;T_3—晶闸管;R_1—均压电阻;C_1—支撑电容;S_1—旁路开关。

半桥式 MMC 子模块核心元件(见图 1-17 和图 1-18)及作用如下:

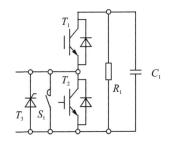

图 1-16   半桥式 MMC 子模块拓扑

图 1-17   子模块示意图

① IGBT 的作用:核心控制器件,通过控制其开通与关断,从而控制子模块输出电压。

② 电容的作用:支撑和稳定子模块电压,提供电压源的核心元件。

③ 均压电阻的作用:均衡子模块电压;作为停运检修时的泄放回路。

④ 水冷板(散热器)的作用:水冷却 IGBT。

⑤ 高压取能电源的作用:从电容取电,为子模块控制器提供控制电源。

⑥ 子模块控制器的作用:接收阀控设备的控制信号,对子模块进行投入和切除操作、晶闸管触发操作、旁路开关合闸操作,同时向阀控反馈子模块运行状态、故障状态信息。

⑦ 旁路开关的作用:对故障子模块进行旁路操作,实现子模块的冗余控制。

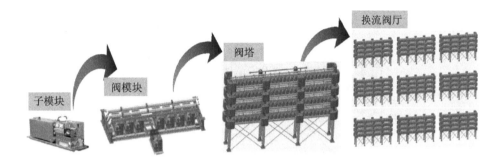

图 1-18 阀塔结构示意图

柔性直流按照接线方式可分为真双极系统和伪双极系统。舟山五端柔性直流工程采用伪双极主接线结构,该主接线结构包括换流器区、极区以及无双极区。厦门柔直工程为世界上第一个真双极 MMC 柔性直流工程,直流主接线结构包括换流器区、极区以及双极区。

1.4 柔性直流输电实际工程介绍

1.4.1 舟山五端柔性直流输电工程

浙江舟山±200 kV 五端柔性直流科技示范工程于 2014 年 7 月 4 日 10 时正式投运,该工程是国家电网公司具有完全自主知识产权的重大科技示范工程,在当时是世界上已投运的端数最多、电压等级最高的多端柔性直流工程。工程共建设舟定、舟岱、舟衢、舟泗、舟洋 5 座换流站,总容量为 100 万千瓦。新建的±200 kV 直流输电线路长 141.5 km,其中海底电缆长 129 km;新建的交流线路长 31.8 km,并配套建设一个海洋输电检验检测基地。图 1-19 所示是舟山五端柔性直流输电工程拓扑图,图 1-20 所示是户内式换流站设备布置图,图 1-21 和图 1-22 所示分别是敞开式换流站设备布置图及其敞开式换流站设备布置阀厅透视图。

(1)运行模式

舟山工程为伪双极五端柔性直流输电工程,所以有五种运行方式,分别为二三四五端运行模式和 STATCOM 运行模式。

(2)启动步骤

步骤①:换流器解锁前,合上交流进线开关,通过 IGBT 模块的反并联二极管对直流电容充电,初步建立直流电压。

步骤②:工作在直流电压控制模式下的换流站先解锁,将直流电压上升至额定电压。

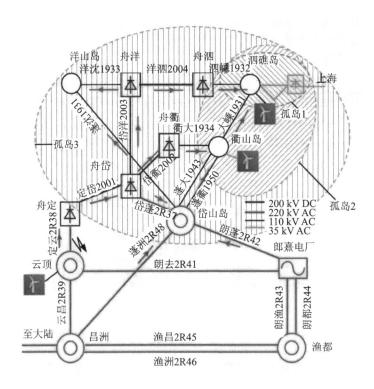

图 1-19 舟山五端柔性直流输电工程拓扑图

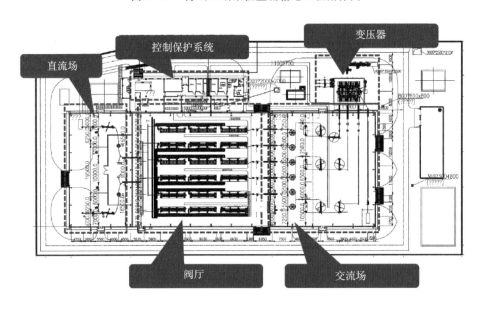

图 1-20 户内式换流站设备布置

步骤③:功率控制模式和交流电压模式下的换流站解锁,逐步建立功率。

(3)注意事项

① 当工作在直流电压模式下的换流站闭锁时,须将原工作在功率控制模式下的换流站调整为直流电压模式,作为直流电网的平衡节点。

图 1 - 21　敞开式换流站设备布置

图 1 - 22　敞开式换流站设备布置(阀厅透视版)

② 当工作在功率控制模式或交流电压模式下的换流站闭锁时,其余换流站可维持原控制模式不变。

1.4.2　厦门柔性直流输电工程

±320 kV/1 000 MW 厦门柔性直流输电工程(以下简称厦门工程)是世界范围内第一个采用双极接线的柔性直流工程,也是额定直流电压和输送容量均达到世界之最的柔性直流工程,两端换流站鸟瞰示意图如图 1 - 23 所示。与以往对称单极柔性直流工程相比,首次采用的双极接线和大传输容量对工程的系统设计提出了新的要求。

(a) 彭厝换流站

(b) 湖边换流站

图 1 - 23　厦门工程换流站鸟瞰示意图

双极柔性直流换流站接线示意图如图 1 - 24 所示。根据主接线设计特点和转换开关配置方案,厦门工程存在以下四种运行方式:

方式 1:双极带金属回线单端接地运行。其中,接地点仅起钳制电位的作用,不提供直流电流通路,双极不平衡电流通过金属回线返回。

方式 2:单极带金属回线单端接地运行。接地点的作用与方式 1 相同,且单极极线电流通过金属回线返回。

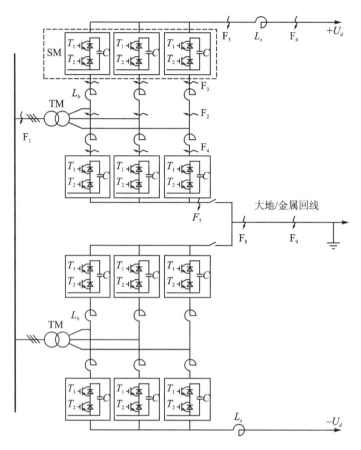

图 1 - 24   双极柔性直流换流站接线示意图

方式 3：双极不带金属回线双端接地运行。双极不平衡电流通过大地回路返回。该方式为运行方式转换过程中出现的临时方式，且必须保证直流系统处于双极对称状态。

方式 4：单个换流站独立作为 STATCOM 运行。

1.4.3   张北柔性直流电网试验示范工程

张北柔性直流电网试验示范工程额定电压为±500 kV，建设有 666 km±500 kV 直流输电线路，新建张北、康保、丰宁和北京 4 座换流站，总换流容量 900 万千瓦。

位于张家口地区的康保、张北 2 座新能源送端换流站的换流容量分别为 150 万千瓦和 300 万千瓦。位于承德地区的丰宁调节端换流站的换流容量为 150 万千瓦，丰宁抽水蓄能电站的 6 台机组也将接入张北柔直示范工程。位于北京市延庆区的 1 座受端换流站的换流容量为 300 万千瓦，可以将随机、波动的风电、光伏发电转化为稳定输出的清洁电力，直接为北京冬奥会延庆赛区供电。

张北柔性直流工程是世界首个柔性直流电网工程，也是世界上电压等级最高、输送容量最大的柔性直流工程。工程核心技术和关键设备均为国际首创，创造 12 项世界第一。工程对于推动能源转型与绿色发展、服务北京低碳绿色冬奥会、引领科技创新、推动装备制造业转型升级等具有显著的综合效益和战略意义。

1.4.4　南方电网±800 kV 高压多端柔性直流工程(昆柳龙直流工程)

南方电网±800 kV 高压多端柔性直流工程是世界上第一条±800 kV 高压多端柔性直流输电"高速路",横跨云南、贵州、广西、广东四省,全长 1 452 km。它把世界第七大水电站——乌东德电站丰沛的水电源源不断地送抵粤港澳大湾区电力负荷中心,为经济快速复苏的大湾区注入强劲的绿色动能。

昆柳龙直流工程主要依托乌东德电站等向广东、广西输送云南水电。工程起于云南昆北换流站(见图 1-25),分别送电到广西柳北换流站和广东龙门换流站(见图 1-26),故简称"昆柳龙"。工程具有重大的战略意义,其建成投产将进一步优化南方五省的能源结构,支撑起更加稳定安全的西电东送绿色大电网,如图 1-27所示。该直流输电工程主要有如下几个特点:

图 1-25　昆北换流站低端阀厅

图 1-26　昆柳龙直流工程±800 kV 龙门换流站

图 1-27　昆柳龙直流工程广东段跨越北江线路

① 西电东送规模更大。送电容量好比高速公路的通行能力。工程全部建成后,整体送电容量达 800 万千瓦。届时,南方电网西电东送总能力将超过 5 800 万千瓦。广东、广西受电端容量分别增加 500 万和 300 万千瓦。

② 清洁能源占比提升。2019 年南方电网西电东送电量 2 265 亿度,清洁能源占比 84%。工程全部建成后,每年增加输送西部清洁水电 330 亿度,相当于减少标煤消耗约 1 000 万吨,减排二氧化碳 2 660 万吨。其中每年预计送电广东 200 亿度,相当于深圳市一年全社会用电量的五分之一。这将有力消纳云南清洁水电,有效促进广东、广西节能减排和大气污染防治,使南方区域天更蓝,水更清,生态环境更美。

③ 推动区域协调发展。工程将为满足"十四五"期间和后续粤港澳大湾区经济发展用电需求奠定坚实基础,为广西经济社会发展提供进一步的电力供应保障,同时将资源优势转化为经济优势,助力云南绿色能源产业发展。

昆柳龙直流工程投运创造了多项世界第一:

① 世界上第一个±800 kV 高压柔性直流输电工程。

② 世界上单站容量最大的柔性直流输电工程(5 000 MW)。

③ 世界上第一个采用全桥和半桥混合桥阀组的特高压柔性直流输电工程。

④ 世界上第一个高端阀组与低端阀组串联的特高压柔性直流输电工程。

⑤ 世界上第一个输电距离超过 1 000 km 的远距离大容量柔性直流输电工程。

⑥ 世界上第一个具备架空线路故障自清除及再启动能力的柔性直流输电工程,第一次实现利用混合桥阀组输出负电压清除线路故障,可以高速再启动。

⑦ 世界上第一个常规直流和柔性直流混合的直流输电系统,送端采用常规直流,受端采用柔性直流。

⑧ 世界上第一个混合多端直流输电工程,送端常规直流和受端 2 个柔性直流组成多端系统。

⑨ 构建了世界上第一个由柔性直流和常规直流组成的多直流馈入电网系统,柔性直流同时提供有功和无功,提高了电网安全稳定运行的水平。

⑩ 研发了世界上第一个特高压混合多端直流输电控制保护系统,实现了送端常规直流和受端 2 个柔性直流组成的多端系统协调控制,组成了世界上最多运行方式的直流系统。

⑪ 研发了世界上容量最大的柔性直流换流阀($\pm$800 kV/5 000 MW),世界上柔性直流单站换流器功率模块数量最多(5 184 个)。

⑫ 第一次实现了特高压混合直流系统单阀组、单站在线投退,克服了混合桥阀组直流短接充电和零压大电流运行难题。

⑬ 首次系统地研发制造了电压等级最高、容量最大的柔性直流成套装备。

⑭ 建设了世界上最大的直流输电阀厅(长 89 m$\times$宽 86.5 m$\times$高 43.75 m)。

⑮ 首次实现了交流故障下多端柔性直流稳定运行,达到交流故障全穿越。

⑯ 首次建立了单一功率模块任意故障均能安全隔离的长期可靠运行技术。

⑰ 首次建立了特高压常规直流和柔性直流混合输电技术的技术规范和成套设计技术。

第2章 直流输电系统数学模型与基本控制策略

2.1 晶闸管换流器基本理论

2.1.1 换流阀和换流器

1. 换流阀

在直流输电系统中,为实现换流,需要三相桥式换流器。三相桥式换流器的桥臂称为换流阀。换流阀可实现整流、逆变和开关功能。半导体阀可分为晶闸管阀(或可控硅阀)、低频门极关断晶闸管阀(GTO阀)、高频绝缘栅双级晶体管阀(IGBT阀)三类。

晶闸管阀是由晶闸管元件及其相应的电子电路、阻尼回路、阳极电抗器、均压元件等通过某种形式的电气连接后组装而成的换流桥的桥臂。

如图2-1所示,晶闸管级(单元)由晶闸管元件及其所需的触发、保护及监视用的电子回路、阻尼回路构成;阀组件由串联连接的若干个晶闸管级和阳极电抗器串联后再与均压元件并

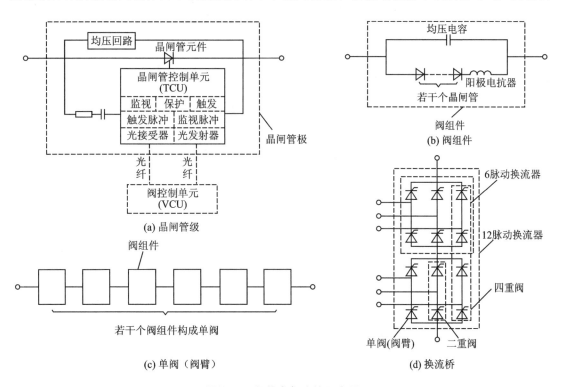

图2-1 阀的电气连接示意图

联构成;单阀由若干个阀组件串联组成,由于单阀可构成 6 脉动换流器的一个臂,故单阀又称为阀臂;二重阀由 6 脉动换流器一相中的 2 个垂直组装的单阀组成;四重阀由 12 脉动换流器垂直安装在一起的 4 个单阀构成。

2. 换流器

高压直流换流器(包括整流和逆变)主要由晶闸管阀组成,其接线方式有很多种,如单相全波、单相桥式、三相半波、三相全波等,但是现在常用的是三相全波,即 6 脉动换流器,其原理结构如图 2 - 2 所示,电路图如图 2 - 3 所示。

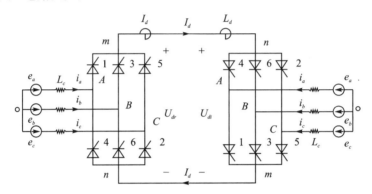

图 2 - 2　三相桥式全波直流换流器原理结构

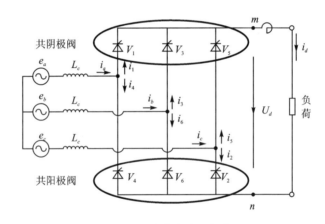

图 2 - 3　6 脉动换流阀电路图

图中 e_a、e_b、e_c 三相相电势之间相差 120°。以 e_{ca} 的矢量作为基准,交流侧电源相电动势为

$$\begin{cases} e_a = \sqrt{\dfrac{2}{3}} E \sin(\omega t + 30°) \\[2mm] e_b = \sqrt{\dfrac{2}{3}} E \sin(\omega t - 90°) \\[2mm] e_c = \sqrt{\dfrac{2}{3}} E \sin(\omega t + 150°) \end{cases} \qquad (2-1)$$

其中,E 为电源线电动势的有效值。交流侧电源电动势(线电势)为

$$\begin{cases} e_{ca} = e_a - e_c = \sqrt{2}\,E\sin\omega t \\ e_{ab} = e_b - e_a = \sqrt{2}\,E\sin(\omega t - 120°) \\ e_{bc} = e_c - e_b = \sqrt{2}\,E\sin(\omega t + 120°) \end{cases} \tag{2-2}$$

2.1.2　整流器工作原理

1. 换相过程

在介绍换相过程前,需要先阐述两个基本概念,即触发延迟角 α(又称触发滞后角)和换相角 μ(又称重叠角、叠弧角)。

触发延迟角定义为对控制极施加触发脉冲的时刻滞后于自然换相点的相位角,角度一般选择为 $10°\sim15°$。为保证阀正常触发开通,触发延迟角应大于其最小值,同时在实际运行中须留有调节余地,故应稍大一些。但是为尽可能提高功率因数,触发延迟角也不能过大。换相角定义为换相过程所经历的相位角。如图 2-4 所示,自然换相点 C_i 是阀 V_i 触发角 α_i 计时的零点($i=1,2,\cdots,6$)。

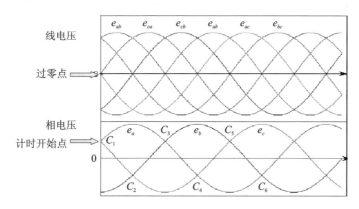

图 2-4　自然换相点

以 $V_5 - V_1$ 的换相过程为例,简要分析阀的换相过程。换相前,阀 5、6 导通,如图 2-5(a)所示,等值电路如图 2-5(b)所示;阀 5 向阀 1 换相过程如图 2-5(c)所示,等值电路如图 2-5(d)所示;换相结束,阀 6、1 导通,如图 2-5(e)所示。

2. 忽略电源电感的电路分析($L_c = 0$)

从上节的电路图 2-2 中可以发现,对于三相电压,每相电路中都存在电感 L_c,为了便于分析,可以先假设该电感不存在,即 $L_c = 0$。

(1) 无触发延迟(触发延迟角 $\alpha = 0$)

无触发延迟即只要阀上晶闸管正向电压建立,门级就会立即接收到触发脉冲,阀立即导通。

对于 V_1、V_3 和 V_5 来讲,由于它们共阴极,因此三相中电压较高的那相阀导通,其余两个阀关断。而对于 V_4、V_6 和 V_2 来说,由于它们共阳极,因此三相中电压较低的那相阀导通,其余两个阀关断。总之,就是比较三相电压的高低来确定哪两个阀导通。

下面结合阀导通时刻图来进行分析。

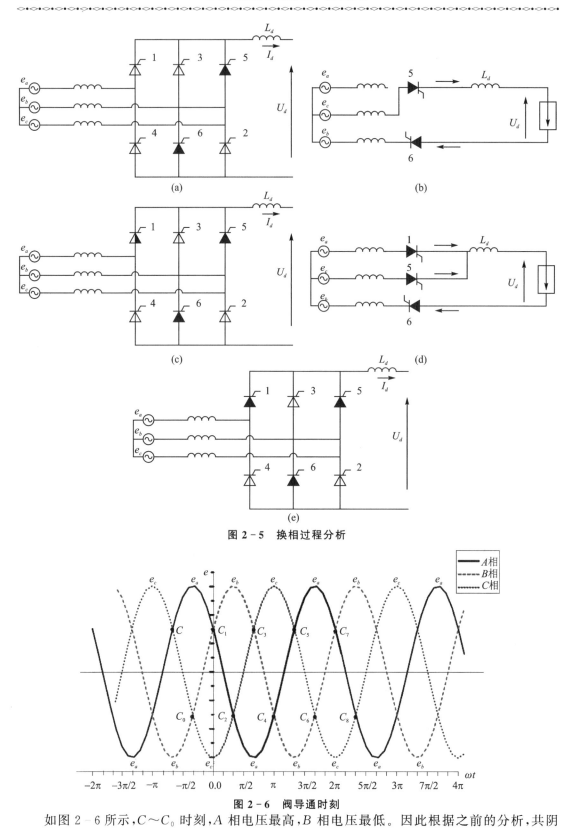

图 2 - 5　换相过程分析

图 2 - 6　阀导通时刻

如图 2 - 6 所示，$C \sim C_0$ 时刻，A 相电压最高，B 相电压最低。因此根据之前的分析，共阴

极的 V_1 阀、V_3 阀和 V_5 阀则会由处于 A 相的 V_1 阀导通,而共阳极的 V_4 阀、V_6 阀和 V_2 阀则是由处于 B 相的 V_6 阀导通,此后的依此类推,循环往复。

从阀导通时刻表 2-1 中可以看出,每个阀单个周期内导通的时间为 120°,V_1 阀～V_6 阀按顺序依次导通,间隔时间为 60°(例如 V_1 阀在 $-120°$～0° 导通,V_2 阀在 $-60°$～60° 导通,其中每个阀导通时间为 120°。V_1 阀导通起始时刻为 $-120°$,而 V_2 阀导通的起始时刻为 $-60°$,两者刚好相差 60°)。具体分析如表 2-1 所列,C～C_5 为一个周期。

表 2-1 阀导通时刻表

起始位置	Ωt	导通的阀	
		共阴极	共阳极
C～C_0	$-120°$～60°	V_1	V_6
C_0～C_1	$-60°$～0°	V_1	V_2
C_1～C_2	0°～60°	V_3	V_2
C_2～C_3	60°～120°	V_3	V_4
C_3～C_4	120°～180°	V_5	V_4
C_4～C_5	180°～240°	V_5	V_6
C_5～C_6	240°～300°	V_1	V_6
C_6～C_7	300°～360°	V_1	V_2

接下来分析 6 脉动换流器输出的直流电压 U_d 波形。从图 2-3 中可以看出,直流线路上的输出电压 U_d 与 m 点和 n 点的电势有很大关系,即 $U_d = U_m - U_n$。

不难发现,m 点的电位其实就是共阴极阀 V_1 阀、V_3 阀和 V_5 阀,V_1 阀、V_3 阀和 V_5 哪个阀导通,m 点电位就是哪个阀处的相电压,比如,V_1 阀导通,m 点的电位就是 A 相此刻的电压。同理,n 点电位也是如此。结合阀的导通时刻图可以得出 U_d 的波形图,如图 2-7 所示。

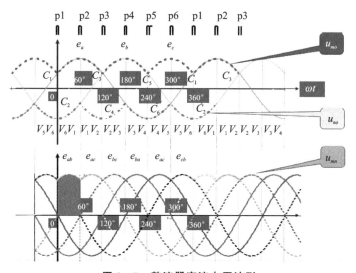

图 2-7 整流器直流电压波形

按照一个周期对直流输出电压 U_d 进行分析:

① 对于 C～C_0 时刻:$U_d = e_a - e_b = e_{ab}$;

② 对于 C_0～C_1 时刻:$U_d = e_a - e_c = e_{ac}$;

③ 对于 $C_1 \sim C_2$ 时刻：$U_d = e_b - e_c = e_{bc}$；

④ 对于 $C_2 \sim C_3$ 时刻：$U_d = e_b - e_a = e_{ba}$；

⑤ 对于 $C_3 \sim C_4$ 时刻：$U_d = e_c - e_a = e_{ca}$；

⑥ 对于 $C_4 \sim C_5$ 时刻：$U_d = e_c - e_b = e_{cb}$。

由上述分析可知，直流电压 U_d 在一个周期之中由 6 段相同正弦曲线组成，即是由线电压的 60°时段组成的。因此，平均直流电压可由任一 60°时段的瞬时电压积分后对时间求平均得到，即

$$U_{d0} = \frac{3}{\pi} \int_0^{\pi/3} e_{bc} \, \mathrm{d}(\omega t) = \frac{3}{\pi} \int_0^{\pi/3} \sqrt{3} \cos(\omega t - \pi/6) = \frac{3\sqrt{2}}{\pi} E \qquad (2-3)$$

其中，E 为电源线电压有效值。则理想空载直流电压为

$$U_{d0} \approx 1.35 E \qquad (2-4)$$

接下来，利用图 2-3 来分析阀侧 A 相、B 相和 C 相的电流，即

$$\begin{cases} i_a = i_1 + i_4 \\ i_b = i_3 + i_6 \\ i_c = i_5 + i_2 \end{cases} \qquad (2-5)$$

可得阀电流波形如图 2-8 所示。

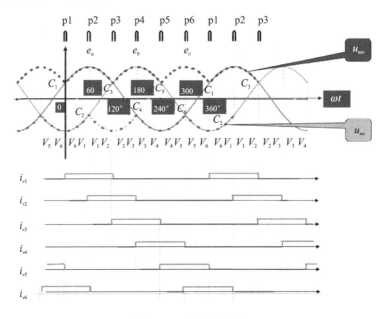

图 2-8　阀电流波形

从阀侧电流示意图可以明显看出，单个周期内导通时间为 120°，关断时间为 240°，对于常用的 50 Hz 的交流电来讲，简单换算之后就是导通时间约为 6.67 ms，关断时间约为 13.33 ms。

各相的电流波形如图 2-9 所示。直流电流波形如图 2-10 所示。

（2）有触发延迟（触发角 $\alpha \neq 0$）

有触发延迟，顾名思义是阀控系统并不是接到来自阀的正向电压建立信号就会立即触发，而是延迟一段时间再向晶闸管门极发送触发脉冲。举例说明，以 V_1 阀和 V_3 阀为例，无触发延迟时，V_1 阀在 $\omega t = -120°$ 时触发，V_3 阀在 $\omega t = 0°$ 时触发。若有触发延迟角 α 时，则 V_1 阀在

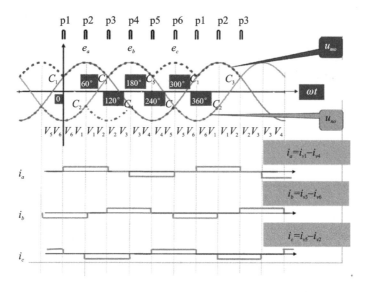

图 2 - 9　相电流波形

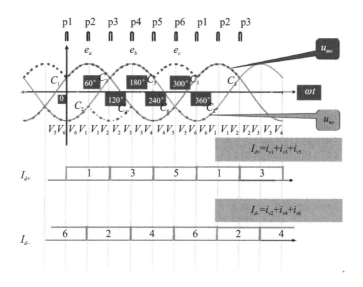

图 2 - 10　直流电流波形

$\omega t = -120° + \alpha$ 时触发,而 V_3 阀在 $\omega t = 0° + \alpha$ 时触发(注意:α 是角度,对应于时间轴是 α/ω。其他阀依次类推,即所有阀在原来触发角度的基础上延迟 α 角度之后才会触发。这里所指的触发延迟角度是所有阀的导通都延迟 α 角度,并不是单指某一个单阀)。

　　结合图 2 - 11 对延迟触发角进行分析,图中 $C \sim C_8$ 是自然换相点(又称过零点),在没有延迟触发时,阀都是在过零点开始换相。在 C_1 点处,此时共阴极阀中 V_1 阀导通,m 点电位为 e_a;当 $C_1 < \omega t < C_1 + \alpha$ 时,此时 V_3 阀的阳极电压为 e_b,而阴极电压由于 V_1 阀是导通状态,所以阴极电压为 e_a。通过图 2 - 10 可以看出,此时 $e_b > e_a$,但是由于延迟触发的原因,此时阀控系统并没有向 V_3 阀的晶闸管门极发送触发脉冲。因此,V_3 阀没有满足晶闸管导通的两个必备条件,因而不能导通。当 $\omega t > C_1 + \alpha$ 时,阀控系统开始发送触发脉冲到 V_3 阀晶闸管的门极,若 $\alpha < 180°$,仍满足 $e_b > e_a$,则此时 V_3 阀导通,m 点的电位变为 e_b(此前一直为 e_a)。若 $\alpha > 180°$,则此时虽然有触发脉冲,但是由于阳极电位 e_b 小于阴极电位 e_a,V_3 阀仍不会导通。因此,α 的变化范围应在 $0° \sim 180°$ 的范围内(需要说明的是,在 $120° < \alpha < 180°$ 期间,有人认为是 V_5 阀的阳极电位最高,应该是 V_5 阀触发。但是请注意,延迟触发是指所有阀均延迟 α 角触发,此时应该触发的仍是 V_3 阀,因为此时的 V_5 阀并没有收到触发脉冲)。根据上述分析可以得出,有触发延迟角时的直流输出电压 U_d 的 m 点电位和 n 点电位的波形如图 $2-12$ 所示。

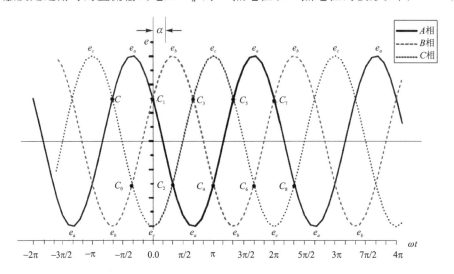

图 2-11　延迟触发 α 角度示意图

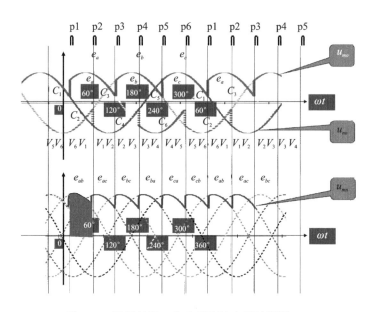

图 2-12 延迟触发 α 角度时直流电压波形图

分析输出直流电压 U_d 的波形,以 C_1 时刻的分界点为例:

① 当 $C_1 < \omega t < C_1 + \alpha$ 时,$U_d = e_{ac} = \sqrt{3}E\cos(\omega t + 30°)$;

② 当 $C_1 + \alpha < \omega t < C_2$ 时,$U_d = e_{bc} = \sqrt{3}E\cos(\omega t - 30°)$。

由此可以看出,原来的 $C_1 \sim C_2$ 的时间段被划分成了两段,因此其直流输电电压 U_d 的波形跟之前没有延迟触发角的有些许不同。

按照上述分析和图示,当延迟触发角度为 α 时,输出的平均直流电压 U_d 可以表示为(以 $[\alpha, \alpha + \pi/3]$ 为区间的 e_{bc} 时段来分析)

$$U_d = \frac{3}{\pi} \int_{\alpha}^{\alpha + \frac{\pi}{3}} \sqrt{3} E \cos\left(\omega t - \frac{\pi}{6}\right) \mathrm{d}(\omega t) = \frac{3\sqrt{2}}{\pi} E \cos\alpha = U_{d0} \cos\alpha \qquad (2-6)$$

无延迟触发角度时 $U_d = \dfrac{3\sqrt{2}E}{\pi}$,由此可见,晶闸管延迟 α 角触发后使得输出的平均直流电压 U_d 减小为之前的 $\cos\alpha$。

延迟触发角 α 的取值区间为 $[0°, 180°]$,因此 $\cos\alpha$ 的取值范围在 ± 1 之间,即 U_d 的取值在 $-\dfrac{3\sqrt{2}E}{\pi}$ 和 $\dfrac{3\sqrt{2}E}{\pi}$ 之间。当 $\alpha < 90°$ 时,U_d 为正值,此时 U_d 表示的是从交流到直流,为整流状态;当 $\alpha > 90°$ 时,U_d 为负值,此时 U_d 表示的是直流到交流,是与整流状态相反的逆变状态;当 $\alpha = 90°$ 时,$U_d = 0$,此时为零功率状态。由此可见,$\alpha = 90°$ 为整流和逆变状态的临界值。当 $\alpha = 180°$ 时,其输出的直流电压波形与 $\alpha = 0°$ 时相反,为正弦波负半轴的 6 脉动逆变器。

同样,各个阀在导通时刻通过的电流为 I_d,而在截止时电流为 0。每个阀的导通角度依然是 120°,而仅仅只是波形相位移动了 α 角度,其余的都没有变化。延迟触发 α 角度时的阀电流波形、相电流波形、直流电流波形如图 2-13 ~ 图 2-15 所示。

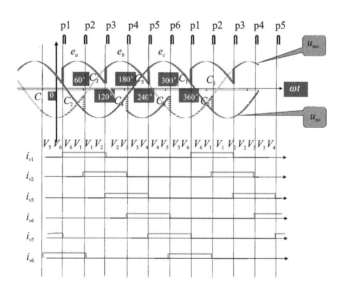

图 2-13　延迟触发 α 角度时阀电流波形

3. 包括电源电感的电路分析($L_c \neq 0$)

(1)换相过程

① 由于交流电源电感 L_c 的存在,每相上的电流不可能发生突变,电流的变换需要一个过程,因而换相就需要一定时间,这段时间称为换相时间或者叠弧时间,其对应的角度称为换相角或者叠弧角,用 μ 表示。

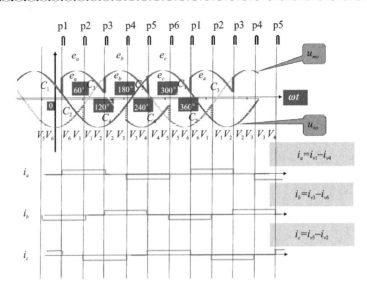

图 2 - 14　延迟触发 α 角度时相电流波形

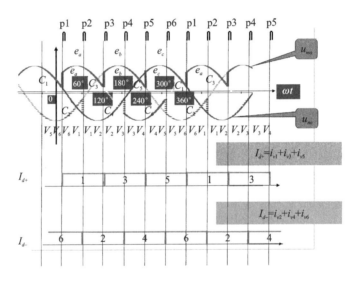

图 2 - 15　延迟触发 α 角度时直流电流波形

② 当 $0°<\mu<60°$时,换相过程中只有三个阀同时导通,在两次换相之间(即上次换相结束到下一次换相开始之前)则只有两个阀同时导通。

③ 当 $60°<\mu<120°$时,在换相过程中将会产生三个阀和四个阀交替同时导通的现象,这是一种异常情况。因为,若是四个阀同时导通,那么必然会有处于同一相的两个阀同时导通,这样就造成了短路。因此,必须要求在正常运行情况下,换相角的取值范围为 $0°<\mu<60°$。一般 μ 在 $15°$ 与 $25°$ 之间,接下来分析的电路也都要保证 μ 在 $0°\sim60°$区间内。

(2) 电路的分析

1) 电流分析

如图 2 - 16 所示,以 V_1 阀到 V_3 阀的换相过程来分析,若考虑换相延迟角 α,则换相过程从 $\omega t=\alpha$ 开始,当 $\omega t=\alpha+\mu$ 时,整个换相过程结束,V_1 阀成功换相到 V_3 阀。那么 $\delta=\alpha+\mu$,δ

称为熄弧角。

换相期间 V_1 阀和 V_3 阀的电路图如图 2-17 所示。

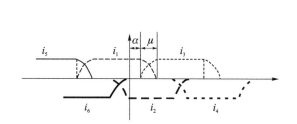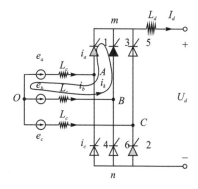

图 2-16　包含叠弧影响的 V_1 到 V_3 换相电流分析　　**图 2-17　换相期间 V_1 阀和 V_3 阀的电路图**

由图 2-17 可得

$$\begin{cases} i_a = I_d - i_k = i_{v1} \\ i_b = i_k = i_{v3} \\ i_c = -I_d = -i_{v2} \end{cases} \tag{2-7}$$

$$e_b - e_a = L_c \frac{\mathrm{d}i_b}{\mathrm{d}t} - L_c \frac{\mathrm{d}i_c}{\mathrm{d}t} \tag{2-8}$$

由 $\dfrac{\mathrm{d}I_d}{\mathrm{d}t} = 0$ 和线电压 $e_{ba} = \sqrt{2}E\sin\omega t$ 可得

$$2L_c \frac{\mathrm{d}i_k}{\mathrm{d}t} = \sqrt{2}E\sin\omega t \tag{2-9}$$

考虑初始条件 $i_k(\alpha) = 0$,可得

$$i_k = I_{sc2}(\cos\alpha - \cos\omega t) \tag{2-10}$$

其中,$I_{sc2} = \dfrac{E}{\sqrt{2}\omega L_c}$ 为交流系统两相短路电流的幅值。整流器 i_k 和 i_v 波形图如图 2-18所示。

换相结束时,$i_k(\alpha+\mu) = I_d$,则

$$\cos(\alpha+\mu) = \cos\alpha - \frac{I_d}{I_{sc2}} \tag{2-11}$$

从而得出换相角为

$$\mu = \arccos\left(\cos\alpha - \frac{2\omega L_c I_d}{\sqrt{3}E}\right) - \alpha \tag{2-12}$$

通过换相角公式可以看出,换相角 μ 和延迟触发角 α、电源电感 L_c、直流输出电流 I_d 以及 E 有关。

分析可以得出阀电流波形、相电流波形、直流电流波形如图 2-19～图 2-21 所示。

2)电压分析

下面同样以 V_1 阀到 V_3 阀的换相过程来分析,当 $\alpha < \omega t < \alpha+\mu$ 时,有

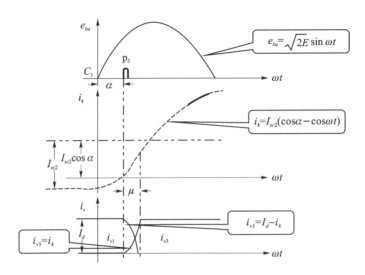

图 2-18 整流器 i_k 和 i_v 波形图

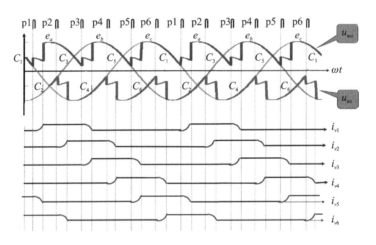

图 2-19 包含叠弧的阀电流波形

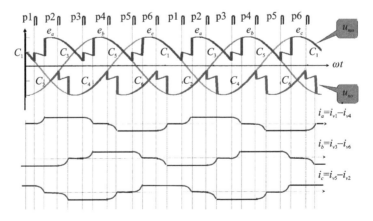

图 2-20 包含叠弧的相电流波形

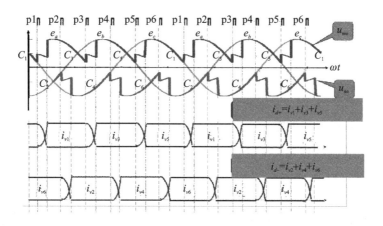

图 2 - 21　包含叠弧的直流电流波形

$$\begin{cases} u_{mo} = \dfrac{e_a + e_b}{2} \\[2mm] u_{no} = e_c \\[2mm] u_{mn} = \dfrac{e_{ac} + e_{bc}}{2} \end{cases} \qquad (2-13)$$

根据分析,可以画出 m 点和 n 点的电压波形图,如图 2 - 22 所示。

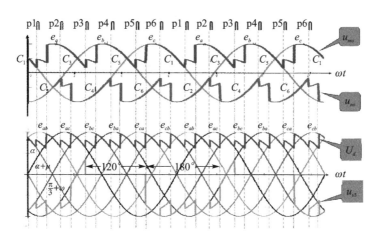

图 2 - 22　包含叠弧角的直流电压波形

从图 2 - 22 中可以看出,有了叠弧的影响,输出的平均直流电压下降了 $\dfrac{3A_\mu}{\pi}$,而

$$A_\mu = \int_\alpha^{\alpha+\mu} \left(e_b - \frac{e_a + e_b}{2} \right) \mathrm{d}(\omega t) = \frac{\sqrt{3}E}{2}(\cos\alpha - \cos\delta) \qquad (2-14)$$

则平均压降为

$$\Delta U_d = \frac{3A_\mu}{\pi} = \frac{3\sqrt{3}E}{2\pi}(\cos\alpha - \cos\delta) \qquad (2-15)$$

此时输出的平均直流电压为

$$U_d(\alpha,\mu) = \frac{\int_0^{2\pi} u_d(\omega t)\mathrm{d}(\omega t)}{2\pi} = U_d(\alpha,0) - \Delta U_d \qquad (2-16)$$

其中，$U_d(\alpha,0)$ 为空载时整流电压的平均值，$\Delta U_d = \dfrac{3\omega L_c}{\pi}I_d$。

可以将 $\dfrac{3\omega L_c}{\pi}$ 看成线路电阻 d_x，d_x 常被称为等效换相电阻，不过其不消耗功率，只是用来解释由于换相叠弧现象导致的压降。

定 α 角外特性方程可以写成

$$U_d(\alpha,\mu) = U_{d0}\cos\alpha - d_x I_d \qquad (2-17)$$

输出电压的定 α 角外特性曲线如图 2-23 所示。

整流器输出的平均直流电压表达方式有

$$U_d(\alpha,\mu) = U_{d0}\frac{\cos\alpha + \cos(\alpha+\mu)}{2} \qquad (2-18)$$

$$U_d(\alpha,\mu) = U_{d0}\cos\left(\alpha+\frac{\mu}{2}\right)\cdot\cos\frac{\mu}{2} \qquad (2-19)$$

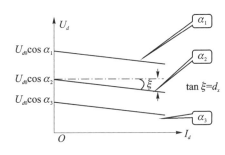

图 2-23　输出电压外特性曲线

输出电压大小 U_d 与 I_d、L_c、α、μ 以及 E 有关，I_d、L_c、α、μ 增加，U_d 减小；E 增加，则 U_d 增大。

整流器等效电路图如图 2-24 所示，其中功率因数为

$$\cos\phi \approx \frac{\cos\alpha + \cos(\alpha+\mu)}{2} \approx \cos\left(\alpha+\frac{\mu}{2}\right)\cos\frac{\mu}{2} \qquad (2-20)$$

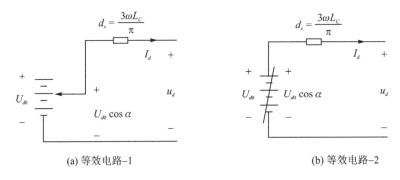

(a) 等效电路-1　　　　　　　　　　　(b) 等效电路-2

图 2-24　整流器等效电路图

功率因数角为

$$\phi \approx \alpha + \frac{\mu}{2} \qquad (2-21)$$

2.1.3　逆变器工作原理

逆变是将直流电转换成交流电的工作方式,在直流输电中,逆变器相当于受端,整流器相当于供端。这里,虽然逆变器是受端,但是目前大部分的逆变器都是有源逆变。它要求逆变器所连接的交流系统必须提供换流器的换相电压和电流,即受端交流系统必须有交流电源。

根据 2.1.2 节的分析,不考虑换相叠弧影响时,$U_d = U_{d0} \cos \alpha$,当 $\alpha > 90°$ 时,U_d 为负,该运行状态称为逆变状态。整流和逆变工作状态与 α 的关系如表 2-2 所列。

表 2-2　整流和逆变工作状态与 α 的关系

α	0~60°	60°~90°	90°~120°	120°~180°
u_d	全部为+	+~-	+~-	全部为-
U_d	全部为+	+~0	0~-	全部为-
换流器状态	整流器		逆变器	

在实际运行过程中,直流输送线路上有很大的平波电抗器等滤波设备,输出的电压 V_{mn} 经过滤波之后,会以平均直流电压 U_d 输出。因此,考虑到延迟触发角度 α(此时不考虑换相电感),当 $\alpha < 90°$ 时,$\cos \alpha > 0$,即 V_{mn} 为正,按照阀导通的方向送出直流电流,此时相当于向负荷端输送功率;当 $\alpha > 90°$ 时,$\cos \alpha < 0$,此时 V_{mn} 为负,按照阀导通的方向送出直流电流,就相当于负荷向换流器输送功率。图 2-25 中所示的"负荷"其实是一个虚拟对象,其目的是便于分析。

逆变站要实现其正常工作,需要具备的几个条件如下:

① 一个提供换相电压的有源交流系统。

② 一个直流电源,该直流电源就是整流端输出的直流电压与逆变端输出的直流电压的电压差,即 $(V_{整流} - V_{逆变})/R = I_d$。这里需要注意的是,$V_{逆变}$ 是一个负值,由此可以将整流端和逆变端输出直流电压的绝对值之和作为直流输电线路整体的电压值。

③ 延迟触发角度 α 必须超过 $90°$(在换相角度 $\mu = 0°$ 的情况下)。

对于逆变器正常运行方式,在 $60°$ 的重复周期中,2 个阀和 3 个阀轮流导通的运行方式成立的条件需要满足:

$$\begin{cases} 90° + \dfrac{\mu}{2} < \alpha < 180° \\ 0 \leqslant \mu < 60° \end{cases} \tag{2-22}$$

在分析逆变器换相原理之前,先给出两个重要的基本概念,超前角/越前角/触发越前角(β)和熄弧角/关断越前角(γ)。β 定义为用电气角度表示的落后于自然换相点 $180°$ 处到控制脉冲发出时刻之间的时间,即

$$\beta = 180° - \alpha \tag{2-23}$$

γ 定义为阀关断时刻到相应的线电压过零点的电角度,即

$$\gamma = \beta - \mu \tag{2-24}$$

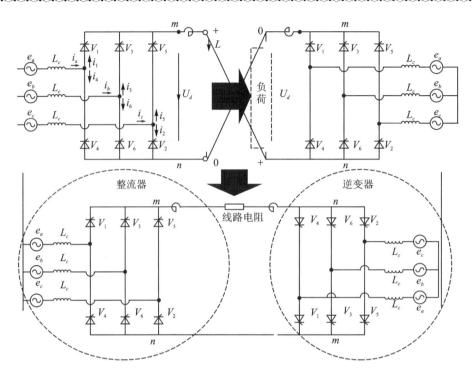

图 2-25　逆变器工作原理分析

稳态运行时，$\gamma \in (15°,18°)$，$\mu \in (15°,25°)$，$\beta \in (30°,40°)$。当 $\gamma>0$ 和 $\mu>0$ 时，逆变器阀波形和直流电压波形如图 2-26 和图 2-27 所示。

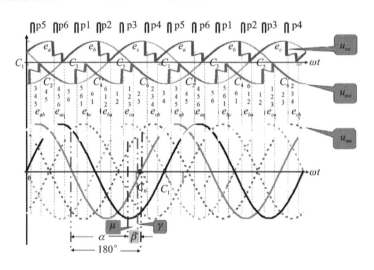

图 2-26　逆变器阀电压波形

以 V_1 阀、V_2 阀导通→V_2 阀、V_3 阀导通换相为例进行分析，如图 2-28 所示。

当 $\omega t \in (C_3,\alpha)$ 时，V_1 阀、V_2 阀导通，此时：

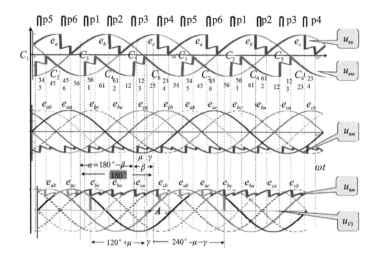

图 2 - 27　逆变器直流电压波形

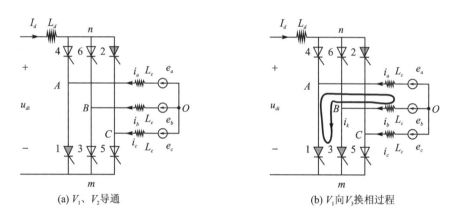

(a) V_1、V_2 导通　　　　　　　　　　(b) V_1 向 V_3 换相过程

图 2 - 28　逆变器换相原理分析

$$\begin{cases} i_a = I_d \\ i_b = 0 \\ i_c = -I_d \end{cases} \tag{2-25}$$

$$\begin{cases} u_{no} = e_c \\ u_{mo} = e_a \\ u_{nm} = e_{ca} \end{cases} \tag{2-26}$$

当 $\omega t \in (\alpha, \alpha + \mu)$ 时，V_1 阀、V_2 阀导通，此时：

$$\begin{cases} i_a = I_d - i_k = i_{v1} \\ i_b = i_k = i_{v3} \\ i_c = -I_d = -i_{v2} \end{cases} \tag{2-27}$$

推导可得出

$$i_k = I_{sc2}(\cos \alpha - \cos \omega t) \tag{2-28}$$

其中，I_{sc2} 为交流系统两相短路电流的幅值，值为 $\dfrac{E}{\sqrt{2}\,\omega L_c}$。逆变器 i_k 和 i_v 波形如图 2 – 29 所示。

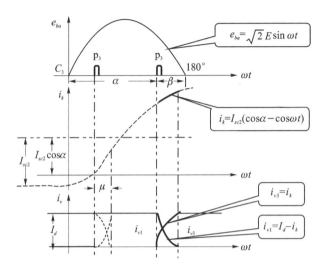

图 2 – 29　逆变器 i_k 和 i_v 波形图

分析可以得出逆变器阀电流波形、相电流波形、直流电流波形如图 2 – 30～图 2 – 32 所示。

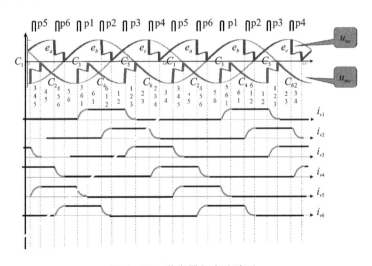

图 2 – 30　逆变器阀电流波形

单桥逆变器的特性方程可由单桥整流器的特性方程导出，导出原则一如表 2 – 3 所列。

表 2 – 3　整流器和逆变器导出原则一

	α	U_{dr}	d_{xr}	μ_r	I_d
整流器					
逆变器	$180°-\beta$	$-U_{di}$	d_{xi}	μ_i	I_d

逆变器输出电压表达式为

$$U_{di} = U_{d0i}\,\frac{\cos\beta + \cos(\beta - \mu_i)}{2} \tag{2-29}$$

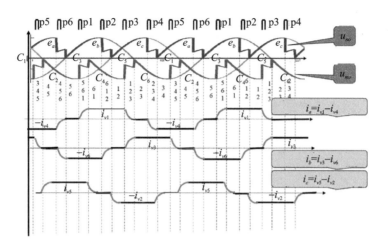

图 2-31 逆变器相电流波形

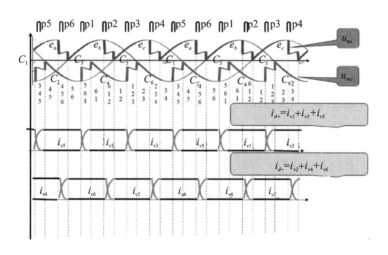

图 2-32 逆变器直流电流波形

$$U_{di} = U_{d0i} \cos\left(\beta - \frac{\mu_i}{2}\right) \cdot \cos\frac{\mu}{2} \qquad (2-30)$$

定 β 角的外特性方程可以写为

$$U_{di} = U_{d0i} \cos\beta + d_{xi} I_d \qquad (2-31)$$

其中,$d_{xi} = \dfrac{3\omega L_{ci}}{\pi}$,定 β 角外特性曲线如图 2-33 上半部分所示。

导出原则二如表 2-4 所列。

表 2-4 整流器和逆变器导出原则二

整流器	α	U_{dr}	d_{xr}	μ_r	I_d
逆变器	γ	U_{di}	d_{xi}	μ_i	I_d

可以得出逆变器输出直流电压表达式为

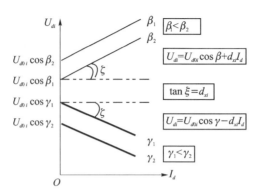

图 2 - 33　定 β 角和定 γ 角的外特性曲线

$$U_{di} = U_{d0i} \frac{\cos \gamma + \cos(\gamma + \mu_i)}{2} \tag{2-32}$$

$$U_{di} = U_{d0i} \cos\left(\gamma + \frac{\mu_i}{2}\right) \cdot \cos \frac{\mu}{2} \tag{2-33}$$

定 γ 角的外特性方程可以写为

$$U_{di} = U_{d0i} \cos \gamma - d_{xi} I_d \tag{2-34}$$

可以得到定 γ 角的外特性曲线如图 2 - 33 下半部分所示。

整流器和逆变器输出电压波形比较如图 2 - 34 所示。

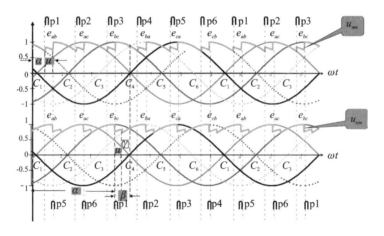

图 2 - 34　单桥整流器和逆变器输出电压波形

由式(2 - 31)和式(2 - 34)可以得到逆变器等值电路图,如图 2 - 35 所示。

根据上述推导,可以得出逆变器的功率因数角 φ_i 为

$$\varphi_i \approx 180° - \left(\beta - \frac{\mu_i}{2}\right) \tag{2-35}$$

用关断角 γ 和叠弧角 μ 可表示为

$$\varphi_i \approx \gamma + \frac{\mu_i}{2} \tag{2-36}$$

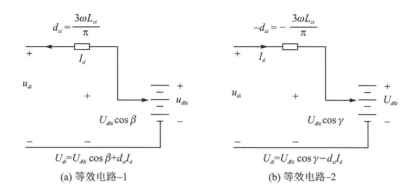

(a) 等效电路-1　　　　　　　　　(b) 等效电路-2

图 2 - 35　逆变器等值电路图

2.1.4　多桥换流器

在大功率、远距离直流输电工程中,为了减小谐波影响,常把两个或两个以上换流桥的直流端串联起来,组成多桥换流器。

多桥换流器由偶数桥组成,其中每两个桥布置成为一个双桥,每一个双桥中的两个桥由相位差为 30°的两组三相交流电源供电,可以通过接线方式分别为 Y - Y 和 Y - Δ 的两台换流变压器得到。

如果换流器只由一对换流桥串联组成,则称这样的换流器为双桥换流器。

双桥换流器共有 12 个阀臂,正常运行时阀臂开通的顺序为 11—12—21—22—31—32—41—42—51—52—61—62—11—12,各个臂开通的时间间隔为交流侧周期的十二分之一(即在相位上间隔 30°)。由于整流输出电压在每个交流电源周期中脉动 12 次,故该换流桥也称为12 脉动换流桥,如图 2 - 36 所示。

交流系统流向变压器一次侧,总电流的基波分量为两个桥电流的基波分量之和。不考虑换流重叠角时,其波形如图 2 - 37 所示。可以看出,交流系统流向变压器一次侧的总电流比单桥换流器的电流更接近于正弦波。在双桥换流器中,其交流侧的 $6k \pm 1$ 次(k 为奇数)谐波分量被有效地消除,这显著地减少了滤波器的投资。此外,采用双桥换流器时,直流电压的纹波也会显著减小。

采用多桥换流器时,交流和直流量之间的关系讨论如下:

(1) 直流侧电压

整流器直流电压 U_{dr} 为

$$U_{dr} = N_r \left(1.35 U_{2r} \cos \alpha - \frac{3\omega L_{cr}}{\pi} I_d \right) = N_r (U_{dr0} \cos \alpha - d_{xr} I_d) \qquad (2-37)$$

逆变器直流电压 U_{di} 为

$$U_{di} = N_i \left(1.35 U_{2i} \cos \beta + \frac{3\omega L_{ci}}{\pi} I_d \right) = N_i (U_{di0} \cos \beta + d_{xi} I_d) \qquad (2-38)$$

$$U_{di} = N_i \left(1.35 U_{2i} \cos \gamma - \frac{3\omega L_{Ci}}{\pi} I_d \right) = N_i (U_{di0} \cos \gamma - d_{xi} I_d) \qquad (2-39)$$

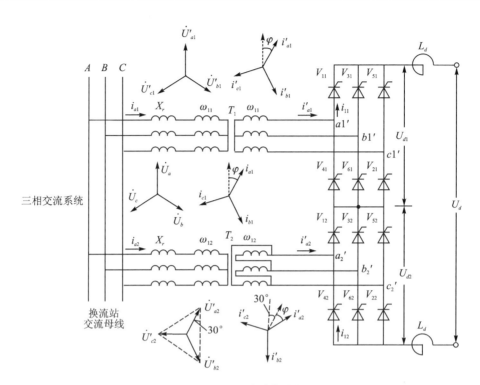

图 2-36 12 脉动换流桥

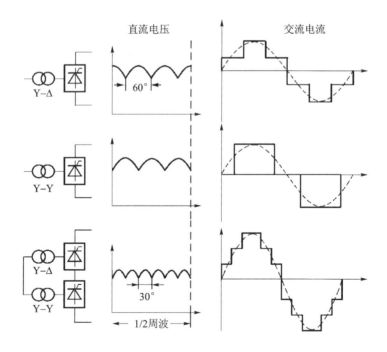

图 2-37 12 脉动换流桥直流电压和交流电流波形(忽略换流过程)

其中,N 为串联换流桥的个数,其值为偶数。

（2）直流侧电流

单极方式的直流侧电流为

$$I_d = \frac{U_{dr} - U_{di}}{R_d} \qquad (2-40)$$

双极方式的直流侧电流为

$$I_d = \frac{2(U_{dr} - U_{di})}{R_d} \qquad (2-41)$$

式中，R_d 为直流回路电阻，若系统为双极运行方式，则直流回路电阻主要包括直流线路电阻、平波电抗器电阻；若系统为单极运行方式，则直流回路电阻还包括接地极引线电阻和接地极电阻等。

（3）交流侧电流

交流侧变压器二次侧电流 I_a 与直流侧电流 I_d 的关系为

$$I_a = \sqrt{\frac{2}{3}} I_d = 0.816 I_d \qquad (2-42)$$

交流侧变压器二次侧基波电流有效值 I_{a1} 与直流侧电流 I_d 的关系为

$$I_{a1} = \frac{\sqrt{6}}{\pi} I_d = 0.78 I_d \qquad (2-43)$$

（4）直流功率

① 整流站直流功率。

单极方式的整流站直流功率为

$$P_{dr} = U_{dr} I_d \qquad (2-44)$$

双极方式的整流站直流功率为

$$P_{dr} = 2 U_{dr} I_d \qquad (2-45)$$

② 逆变站直流功率。

单极方式的逆变站直流功率为

$$P_{di} = U_{di} I_d \qquad (2-46)$$

双极方式的逆变站直流功率为

$$P_{di} = 2 U_{di} I_d \qquad (2-47)$$

直流线路损耗为

$$\Delta P_d = P_{dr} - P_{di} = R_d I_d^2 \qquad (2-48)$$

2.2　常规直流输电系统数学模型与控制原理

2.2.1　LCC-HVDC 数学模型

LCC-HVDC 采用半控型电力电子器件晶闸管为换相开关器件，属于被动换相，整流站和逆变站均连接三相交流电源，换流器以三相桥式全波整流电路为基本模块。而在实际工程中，用两个 6 脉波换流器串联组成 12 脉动换流器作为换流电路 LCC-HVDC。CIGRE 标准测试模型采用的便是双桥串联结构，即 12 脉波换流器，如图 2-38 所示，图 2-39 所示为 LCC

- HVDC 的等值电路图。图中,下标 r 表示整流器,i 表示逆变器。V_d 为直流电压;L_{dr} 和 L_{di} 为平波电抗器的电感值;L_d 和 R_d 为 1/2 处直流输电线路电感和电阻;C_{dc} 为对地电容;I_d 为换流站的直流电流;V_c 为对地电容电压值;V_{d0} 为理想空载直流电压;R_c 为等效换相电阻,$R_{cr} = \frac{3}{\pi}X_{cr}$,$R_{ci} = \frac{3}{\pi}X_{ci}$,其中 X_c 为换流电抗。

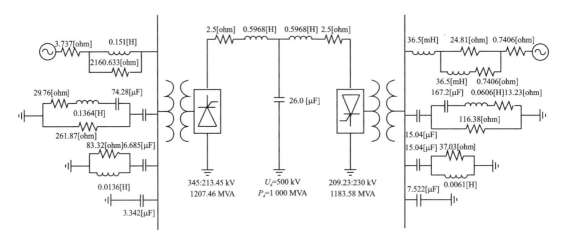

图 2 - 38　LCC - HVDC CIGRE 标准测试模型

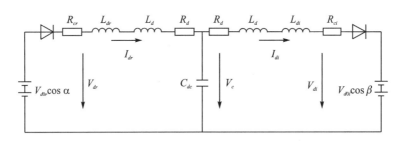

图 2 - 39　LCC - HVDC 系统等值电路图

LCC - HVDC 稳态运行时,忽略直流线路的对地电容,即 $C_{dc}=0$,此时稳态直流电流为:

$$I_d = \frac{V_{d0r}\cos\alpha - V_{d0i}\cos\beta}{R_L + R_{cr} + R_{ci}} \qquad (2-49)$$

2.2.2　常规直流输电系统控制方式

高压直流输电系统是高度可控的,其运行依赖于这种可控性的正确应用,以保证系统有期望的性能。高压直流输电系统采用分层控制方式,目的在于使系统高效稳定地运行和保持功率控制的最大灵活性,同时保证设备的安全。系统中最底层的控制就是整流器的本地控制(极控制)。

高压直流系统通过控制整流器和逆变器的内电势来控制线路上任一点的直流电压和线路电流(或功率)。具体来说,从式(2-49)可以看出,改变直流电流(或功率)可以从两个方面来进行调节:① 调节整流器的触发延迟角 α 或逆变器的熄弧角 γ,即调节加到换流阀控制极的触发脉冲相位。采用这种方式调节不但调节范围大,而且非常迅速,是直流输电系统主要的调节手段。② 调节换流器的交流电势。一般靠调节发电机励磁或改变换流变压器分接头来实现,

调节速度相对较慢,是直流输电系统的辅助调节方式。出于以下几个目的,必须保持输电系统送端和受端的功率因数尽可能地高:

① 在给定变压器和阀的电流电压额定值的条件下,使换流器的功率较高;

② 减轻阀上的压力;

③ 减少与直流系统连接的交流系统的损耗;

④ 在负荷增加时,使交流终端的电压降最小;

⑤ 减少换流器损耗的无功功率。

要想得到高功率因数,必须保持整流器的触发延迟角 α 和逆变器的熄弧角 γ 尽可能地小。为了确保触发前阀上有足够的电压,整流器有一个最小 α 角限制,约为 5°。同时,还必须留一些升高整流器电压的裕度来控制直流功率潮流。

对于逆变器,必须维持一个确定的最小熄弧角以避免换相失败。确保换相完成且有足够的裕度很重要,这样可以保证在 $\alpha=180°$ 或 $\gamma=0°$ 换相电压反向之前去游离。因为即使换相已经开始,直流电流和交流电压仍有可能改变,所以在最小熄弧角限制的基础上必须有足够的换相裕度,一般为 15° 左右。

常规直流输电系统常用的基本控制方式有以下几种。

1. 定电流控制原理

定电流控制是直流输电系统最基本的控制方式之一。在正常运行时,由于某种原因而引起的输电线路上的直流电流的变化,都将由电流控制系统快速地将电流调整到正常值,也就是说这种控制系统的任务是要维持直流电流为恒定值。所以其控制特性为一垂直线,如图 2-40 所示。

用于直流电流控制的直流电流控制误差的计算方式如下:直流电流的误差=直流电流的参考值－直流电流的实际值。这种误差的计算对整流侧和逆变侧都是一样的,

图 2-40　定电流控制特性

计算的直流电流误差值输入到 PI 控制器,由控制误差选择功能进行选择,从而对直流电流进行调节,维持直流电流恒定。

（1）整流侧直流电流控制

额定运行时,整流侧定电流运行,所以直流电流控制器为整流侧的主要控制器,直流电流闭环控制器作用时,如果实际的直流电流偏小,PI 控制器的输出将调整触发角减小;如果实际的直流电流偏大,PI 控制器的输出将调整触发角增大。

（2）逆变侧直流电流控制

额定运行时,逆变侧处于定熄弧角运行。如果整流侧交流电压下降,则整流侧电流调节器动作,减小触发角,增大直流电流;如果触发角处于最小值 5°,还不能维持设定的直流电流,此时整流侧由定电流运行转向定最小触发角运行,逆变侧转向定电流运行。

正常运行时,逆变侧的电流参考值要在整流侧的电流参考值的基础上减去一个电流裕度值。如果逆变侧过渡到定直流电流运行,则整流侧的电流裕度补偿功能起作用,将逆变侧的电流参考值增加一个电流裕度值,从而保证系统传输的功率恒定。

2. 定电压控制原理

定电压控制的基本原理与定电流控制相似,只是反馈信号改变为直流电压。图 2 - 41 所示为定电压控制特性图。

当整流侧的直流电压大于设定的直流电压参考值时,整流侧的直流电压控制器将增大触发角,减小直流电压,维持直流电压恒定;当逆变侧的直流电压大于设定的直流电压参考值时,逆变侧的直流电压控制器将减小触发角,减小直流电压,维持直流电压恒定。所以电压控制器在整流侧和逆变侧的控制方向不一样,这一点和直流电流控制器不一样。

定电压控制功能主要是为了防止产生过高的直流电压。直流电压控制器的参考值设置得比额定直流电压值高 10%,这样正常运行时,直流电压控制器不会起作用。用于直流电压控制的直流电压控制误差的计算方式如下:整流侧直流电压的误差=直流电压参考值−直流电压实际值;逆变侧直流电压的误差=直流电压实际值−直流电压参考值。

直流电压控制误差的计算对整流侧和逆变侧是不一样的,计算的直流电压误差值输入到 PI 控制器,由控制误差选择功能进行选择,从而对直流电压进行调节,维持直流电压恒定。

（1）整流侧直流电压控制

整流侧的直流电压闭环控制的目的是调节整流侧的直流电压在最大限制值以下,特别是在直流线路开路或者逆变器闭锁时,直流电压闭环控制快速响应防止直流过电压。直流电压控制器在整流侧起作用时,如果实际的直流电压过高,PI 控制器的输出将调节触发角向触发角增大的方向移动。

（2）逆变侧直流电压控制

逆变侧的直流电压控制的目的是限制直流电压在直流电压设定值以下,该控制器在正常情况下不会起作用。直流电压控制器在逆变侧起作用时,如果实际的直流电压过高,PI 控制器的输出将调节触发角向触发角减小的方向移动。

3. 定触发角控制原理

如图 2 - 42 所示,定触发角控制分为两种情况:对于整流器而言,为定延迟角控制(定 α 角控制);而对于逆变器而言,为定 β 角控制。

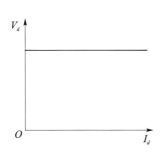

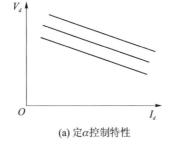
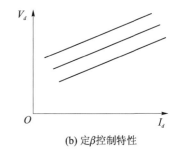

(a) 定α控制特性　　　　(b) 定β控制特性

图 2 - 41　定电压控制特性　　　　图 2 - 42　定触发角控制特性

如果整流侧的交流电压降低,整流侧的直流电压下降,则整流侧的定电流控制器将减小触发角,增大整流侧的直流电压;如果整流侧的交流电压下降得太多,整流侧的触发角调节到最小值时,仍然不能满足设定的直流电流,此时整流侧处于最小触发角控制方式。

在直流输电的实际应用中，逆变器的控制方式并不是以 β 为控制对象，而是以熄弧角作为控制对象。所以定熄弧角控制是逆变器最常用的控制方式，由于 $\beta=\gamma+\mu$，所以控制熄弧角 γ 也就控制了 β。

4. 定熄弧角控制原理

在直流输电系统中，当换流器作为逆变器运行时，为了防止逆变侧换相失败，逆变侧必须设定熄弧角控制，保证直流输电系统的安全、经济运行。此外，逆变侧的定熄弧角控制还具有提高交流侧功率因数及提高逆变器的利用率等经济因素。如图 2-43 所示，定熄弧角控制特性曲线为一族向下倾斜的平行线，γ 角越大，曲线越低。

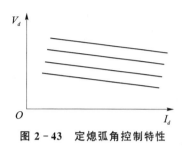

图 2-43 定熄弧角控制特性

定熄弧角控制要比定电流控制系统复杂，目前，有两种不同原理构成的定熄弧角控制方式：一种称为预测型熄弧角控制，另一种称为实测型熄弧角控制。

（1）预测型定熄弧角控制原理

从逆变器换相原理分析中可以得到，根据换相公式计算出的 β 角去触发逆变器，就能保证逆变器运行在 $\gamma=\gamma_0$ 状态。

（2）实测型定熄弧角控制原理

在逆变器中，实际测定的换流阀每个阀的熄弧角 γ 与整定值 γ_0 相比较，若其中最小的一个熄弧角 γ 也大于 γ_0 时，则通过减小 β，增大触发将熄弧角调整到 γ_0，从而提高运行的经济性，这种调节称为“经济调节”。若某个阀的 γ 小于整定值 γ_0，为了确保安全起见，控制系统将下一阀的触发相位提前，即减小触发角，增大 β 角来防止逆变侧换相失败，这种调节称为“安全调节”。

5. 电流限制控制

为了避免系统因发生故障或受到扰动，导致直流电流迅速下降至零引起系统输送功率中断，控制系统设置有最小电流限制控制。并且需要考虑系统的过负荷能力、降压运行等特殊运行工况，控制系统还设置有最大电流限制控制以保证系统安全。

6. 裕度控制

高压直流输电系统正常运行时，整流侧和逆变侧分别通过定电流控制和定电压控制实现对直流电流和直流电压的控制。为了避免整流侧和逆变侧的定电流控制同时作用引起控制系统不稳定，设置整流侧定电流控制的电流整定值比逆变侧电流整定值大一个电流裕额，根据实际高压直流输电系统运行经验，电流裕额为额定电流值的 10%。同理，为了避免整流侧和逆变侧的定电压控制同时作用，逆变侧定电压控制的电压整定值比整流侧电压整定值小一个电压裕额，电压裕额为直流输电线路的电压降。

7. 理想控制特性

为了满足上述控制的基本原则，应该将电压调节和电流调节加以区别，并将它们分置在不同的换流端。在正常运行条件下，整流器运行于恒定电流状态（CC）以保持系统的稳定，逆变器运行于恒定熄弧角（CEA）状态以维持足够的换相裕度。系统正常状态伏安特性如图 2-44

所示。

　　图 2 - 44 中以电压 V_d 和电流 I_d 为坐标轴,AB、CD 线上的点与整流器端测量的值对应,从而逆变器特性包括了线路上的电压降。一般换相电阻略大于线路电阻,逆变器的特性直线斜率为负且较小,如图中 CD 线。E 点为理想稳态运行点,同时满足整流器和逆变器的特性。

8. 实际控制特性

　　整流器通过改变 α 角来保持恒定电流。但是 α 角不能小于其最小值(α_{min}),一旦达到 α_{min} 就不可能再升高电压,整流器将运行在恒触发角状态。所以,整流器特性曲线实际上有两部分,如图 2 - 45 中 AB 和 FA 所示。FA 部分对应于定触发角控制方式,AB 段则表示正常的定电流控制方式。

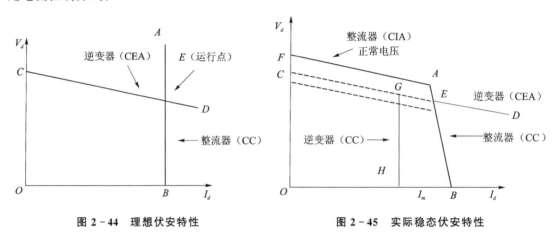

图 2 - 44　理想伏安特性　　　　　　　　图 2 - 45　实际稳态伏安特性

　　在实际的系统中,由于电流调节器的增益有限,定电流特性直线可能稍有倾斜,如图 2 - 45 中 GH 和 AB 所示。在正常电压下,逆变器的定熄弧角特性曲线和整流器特性曲线相交于 E。但逆变器的定熄弧角特性线(CD)不会与降低电压情况下整流器特性曲线(FAB)相交。所以,整流器电压的大幅度降低会引起电流和功率在短时间内下降到零,从而造成系统停运。

　　为了避免上述问题,逆变器也必须配置定电流控制器,而且其整定电流值要比整流器定电流控制器的整定电流值小,它们的差值为电流裕度,如图 2 - 45 中 I_m 所示。电流裕度可以确保两条定电流特性曲线不会相交。这样完整的逆变器特性曲线包括两部分——定熄弧角特性曲线和定电流特性曲线,如图 2 - 45 中 DGH 所示。正常运行条件下,如图 2 - 45 中 E 点,整流器控制直流电流,逆变器控制直流电压。整流器电压降低时,运行条件如图中的 E 点所示。此时逆变器进入定电流控制,整流器进入定触发角控制,建立电压。

　　除了有上述定电流、定熄弧角基本调节方式外,还有定电压的调节方式,此种方式是用一个闭环电压控制系统以保持直流线路某点的电压恒定,从而取代调节熄弧角到固定值(CEA)。定电压控制和定 γ 角控制类似,都是逆变器常见的控制方式。但与定 γ 角控制相比,定电压控制方式有利于提高换流站交流电压的稳定性。例如由于某种扰动使逆变站交流母线的电压下降时,为了保持直流电压,逆变器的电压调节器将自动地减少 β 角,从而使逆变器的功率因数提高,消耗的无功功率减小,有利于防止交流电压进一步下降或阻尼电压的振荡。如果逆变侧采用定熄弧角调节,则当交流电压下降时,它将增大 β 角以保持熄弧角不变,因此逆变器的功率因数下降,消耗的无功功率增大,从而交流电压进一步下降,在某种条件下甚至形成恶性循环,最终导致交流电压崩溃。定电压调节的另一个优点是,在轻负载(直流电流小于额定值)运行时,由于逆变侧的熄弧角比满载运行时大,故对防止换相失败更为有利。

2.2.3　CIGRE 标准测试模型的基本控制方式

整流侧采用定直流电流和最小触发角控制时,其控制结构如图 2-46 所示。

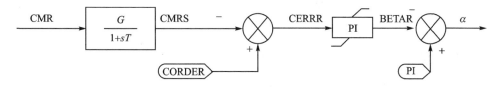

图 2-46　整流侧触发控制电路

CORDER 为逆变侧传来的电流指令,与整流侧直流电流实际测量值 CMR 相减之后通过 PI 控制器得到触发超前角 BETAR(β)。π 减去 β 后得到触发角控制信号 α。其中,PI 控制器输出的最大值为 3.057(175°),对应最小 α 角为 5°,最小值为 0.52(30°),对应最大 α 角为 150°。

逆变侧采用定直流电流控制和定熄弧角控制,同时产生整流侧的电流指令 CORDER。此外,为了避免在电压较低时电流过大,逆变侧配备有低电压限流控制(voltage dependent current order limiter,VDCOL)。定熄弧角控制部分还配备有电流偏差控制环节,目的是使电流尽快回升至给定值。控制结构图如图 2-47 所示。

逆变侧控制电路中的定电流控制是根据逆变侧的电压与电流的实际测量值,得出线路中点电压,此电压经过 VDCOL 环节后产生电流指令,取该电流指令与给定的电流参考值中的较小值

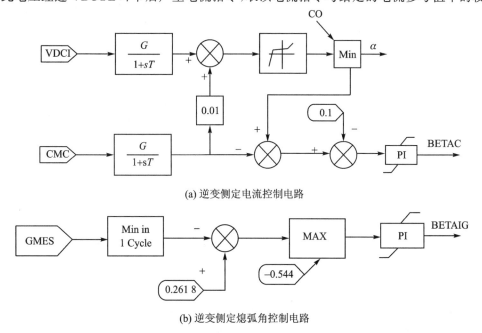

(a) 逆变侧定电流控制电路

(b) 逆变侧定熄弧角控制电路

图 2-47　逆变侧控制电路

作为整流侧的电流指令。与此同时,整流侧电流指令减去 0.01pu 的裕度后作为逆变侧电流指令,逆变侧电流实际测量值与该电流指令相减后通过 PI 控制器即可得到触发延迟角 β。

定熄弧角的输入是熄弧角的参考值与上一个周期测量的逆变器熄弧角的最小值的偏差,该值与 15°(0.261 8)相减后进行限幅,并通过 PI 控制器得到定熄弧角控制的 β。最后从定电流控制得到的 β 和定熄弧角控制得到的 β 中选择较大值输出,与 π 相减后得到逆变侧的触发延迟角信号 AOI。

2.3   全控型换流器基本理论

2.3.1   全控型换流器

已有柔性直流输电工程采用的 VSC 主要有三种,即两电平换流器、二极管钳位型三电平换流器以及模块化多电平换流器(MMC),模块化多电平换流器在各种特性上都比较优越,所以模块化多电平为现在普遍应用的技术。

两电平换流器的拓扑结构最简单,如图 2-48 所示,它有 6 个桥臂,每个桥臂由绝缘栅双极晶体管(IGBT)和与之反并联的二极管组成。在高压大功率的情况下,为提高换流器容量和系统的电压等级,每个桥臂由多个 IGBT 及其相并联的二极管相互串联获得,其串联的个数由换流器的额定功率、电压等级和电力电子开关器件的通流能力与耐压强度决定。相对于接地点,两电平换流器每相可输出两个电平,显然两电平换流器需通过 PWM 逼近正弦波。

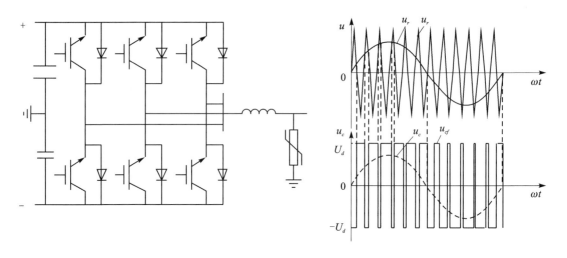

图 2-48   两电平拓扑结构和单相输出波形

二极管钳位性三电平换流器如图 2-49 所示。三相换流器通常共用直流电容器。三电平换流器每相可以输出三个电平,也是通过 PWM 逼近正弦波的,图 2-50 所示为三电平换流器的单相输出波形。

模块化多电平换流器(MMC)的桥臂不是由多个开关器件直接串联构成的,而是采用了子模块(Sub-Module,SM)级联的方式,如图 2-51 所示。

MMC 的每个桥臂由 N 个子模块和一个串联电抗器 L_0 组成,同相的上下两个桥臂构成

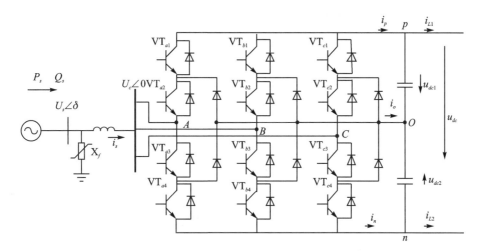

图 2 - 49　二极管钳位型三电平换流器的基本结构

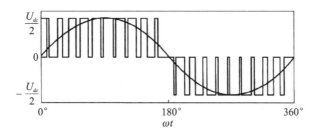

图 2 - 50　三电平换流器的单相输出波形

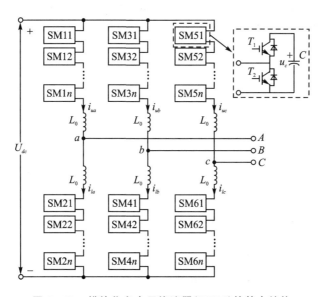

图 2 - 51　模块化多电平换流器(MMC)的基本结构

一个相单元。MMC 的子模块一般采用半个 H 桥结构。其中，u_c 为子模块电容电压。MMC
的单相输出电压波形如图 2 - 52 所示，可见，MMC 的工作原理与两电平和三电平换流器不同,它不是采用 PWM 来逼近正弦波,而是采用阶梯波的方式来逼近正弦波的。

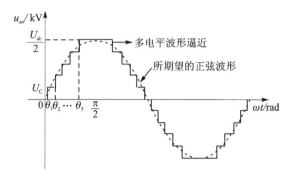

图 2－52　MMC 的单相输出电压波形

2.3.2　几种换流器的比较

(1) MMC 相比两电平、三电平换流器的优点

相对于两电平和三电平换流器拓扑结构,MMC 拓扑结构具有以下几个明显优势:

① 制造难度下降。MMC 不需要采用基于 IGBT 直接串联而构成的阀,这种阀在制造上有相当的难度,只有离散性非常小的 IGBT 才能满足静态和动态均压的要求,一般市售的 IG-BT 是难以满足要求的。因而 MMC 拓扑结构大大降低了制造商进入柔性直流输电领域的技术门槛。

② 损耗成倍下降。MMC 拓扑结构大大降低了 IGBT 的开关频率,从而使换流器的损耗成倍下降。因为 MMC 拓扑结构采用阶梯波逼近正弦波的调制方式,理想情况下,一个工频周期内开关器件只要开关 2 次,考虑了电容电压平衡控制和其他控制因素后,开关器件的开关频率通常不超过 150 Hz,这与两电平和三电平换流器拓扑结构开关器件的开关频率在 1 kHz 以上形成了鲜明的对比。

③ 阶跃电压降低。由于 MMC 所产生的电压阶梯波的每个阶梯都不大,MMC 桥臂上的阶跃电压和阶跃电流都比较小,从而使得开关器件承受的应力大为降低,同时也使产生的高频辐射大为降低,容易满足电磁兼容指标的要求。

④ 波形质量高。由于 MMC 通常电平数很多,故所输出的电压阶梯波已非常接近于正弦波,波形质量高,各次谐波含有率和总谐波畸变率已能满足相关标准的要求,不需要安装交流滤波器。

⑤ 故障处理能力强。由于 MMC 的子模块冗余特性,使得故障的子模块可由冗余的子模块替换,并且替换过程不需要停电,提高了换流器的可靠性;另外,MMC 的直流侧没有高压电容器组,并且桥臂上的 L_0 与分布式的储能电容器相串联,从而可以直接限制内部故障或外部故障下的故障电流上升率,使故障的清除更加容易。

(2) MMC 相比两电平、三电平换流器的不足之处

① 所用器件数量多。对于同样的直流电压,MMC 采用的开关器件数量较多,约为两电平换流器拓扑结构的 2 倍。

② MMC 虽然避免了两电平和三电平换流器拓扑结构必须采用 IGBT 直接串联阀的困难,但却将技术难度转移到了控制方面,主要包括子模块电容电压的均衡控制和各桥臂之间的

环流控制。

2.3.3 MMC 工作原理

MMC 子模块具有如表 2-5 所列的三个工作状态。对表 2-5 进行分析可得表 2-6,表 2-6 中对于 T_1、T_2、D_1 和 D_2,开关状态 1 对应导通,0 对应关断。从表 2-6 可以看出,对应每一个模式,T_1、T_2、D_1 和 D_2 中有且仅有 1 个管子处于导通状态。因此可以认为,子模块 SM 进入稳态模式后,有且仅有 1 个管子处于导通状态,其余 3 个管子都处于关断状态。另一方面,若将 T_1 与 D_1、T_2 与 D_2 分别集中起来作为开关 S_1 和 S_2 看待,那么对应投入状态,S_1 是导通的,电流可以双向流动,而 S_2 是断开的;对应切除状态,S_2 是导通的,电流可以双向流动,而 S_1 是断开的;而对应闭锁状态,S_1 和 S_2 中哪个导通、哪个断开是不确定的。

表 2-5 子模块的三种工作状态

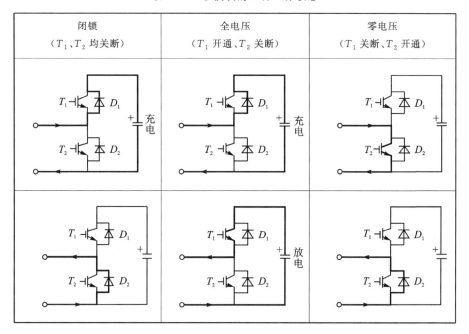

根据上述分析可以得出结论,只要对每个 SM 上下两个 IGBT 的开关状态进行控制,就可以实现投入或者切除该 SM。

表 2-6 SM 的 3 个工作状态和 6 个工作模式

状态	模式	T_1	T_2	D_1	D_2	电流方向	u_{SM}	说明
闭锁	1	0	0	1	0	A 到 B	u_c	电容充电
投入	2	0	0	1	0	A 到 B	u_c	电容充电
切除	3	0	1	0	0	A 到 B	0	旁路
闭锁	4	0	0	0	1	B 到 A	0	旁路
投入	5	1	0	0	0	B 到 A	u_C	电容放电
切除	6	0	0	0	1	B 到 A	0	旁路

2.4 柔性直流输电系统数学模型与控制原理

VSC－HVDC 作为新一代的直流输电技术,与 LCC－HVDC 类似,由两端交流系统、换流站、直流输电线路、交流侧滤波器、直流侧电容器、换流变压器、控制保护装置等组成,结构示意图如图 2－53 所示。VSC－HVDC 采用 IGBT 等全控型电力电子器件,容易实现功率的双向流动及潮流反转,任一换流站既可作为整流站也可作为逆变站,极易构建柔性多端直流电网。

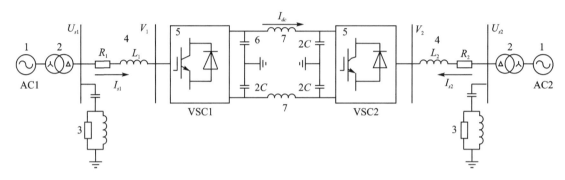

图 2－53 VSC－HVDC 结构示意图

2.4.1 VSC－HVDC 数学模型

VSC－HVDC 的换流电路具有多种拓扑形式,常见的有三相两电平桥式结构,二极管钳位式三电平桥式结构、模块化多电平(MMC)结构。无论哪种拓扑形式的 VSC 换流器,在基波频率下的外特性是完全一致的。VSC－HVDC 等效电路如图 2－54 所示。

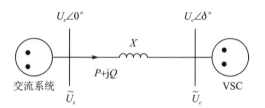

图 2－54 VSC－HVDC 等效电路

交流系统电压相量为 U_s,换流器交流侧的电压相量为 U_c,U_s 超前于 U_c 的角度为 δ,交流系统与换流器之间的等效电抗为 X,则有

$$P = \frac{U_s U_c}{X} \sin \delta \qquad (2-50)$$

$$Q = \frac{U_s (U_s - U_c \cos \delta)}{X} \qquad (2-51)$$

控制 δ 就能控制有功功率的大小和方向,控制 U_c 的大小就能控制无功功率的大小和方向,即实现有功无功功率四象限运行,如图 2－55 所示。

考虑 VSC 换流站的控制方式具有通用性,本书以经典的三相两电平 VSC 换流器为例,并基于 dq 同步旋转坐标系分析其数学模型。

由基尔霍夫定律可知三相坐标系下的 VSC 模型为

$$
\begin{cases}
u_{sa} - \left(i_{sa}R + L\ \dfrac{\mathrm{d}i_{sa}}{\mathrm{d}t} \right) = v_a \\[2mm]
u_{sb} - \left(i_{sb}R + L\ \dfrac{\mathrm{d}i_{sb}}{\mathrm{d}t} \right) = v_b \\[2mm]
u_{sc} - \left(i_{sc}R + L\ \dfrac{\mathrm{d}i_{sc}}{\mathrm{d}t} \right) = v_c \\[2mm]
C\ \dfrac{\mathrm{d}u_c}{\mathrm{d}t} = i_{dc} - i_d
\end{cases}
\qquad (2-52)
$$

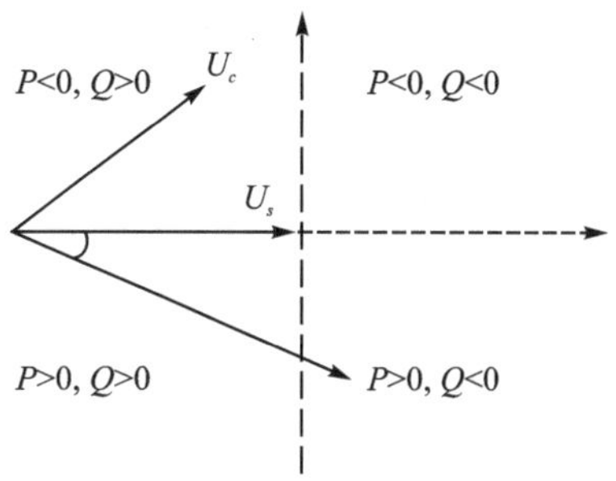

图 2-55　VSC 稳态运行基波相量图

三相坐标系下的 VSC 难以进行控制系统的设计,为了建立适合控制器设计的 VSC 模型,对式(2-52)进行 Park 变换,即从三相静止坐标系变换到两相同步旋转坐标系,也称 dq 变换,得

$$
\begin{cases}
i_{sd}R + L\ \dfrac{\mathrm{d}i_{sd}}{\mathrm{d}t} = u_{sd} - v_d + \omega L i_{sq} \\[2mm]
i_{sq}R + L\ \dfrac{\mathrm{d}i_{sq}}{\mathrm{d}t} = u_{sq} - v_q + \omega L i_{sd} \\[2mm]
C\ \dfrac{\mathrm{d}u_{dc}}{\mathrm{d}t} = i_{dc} - i_d
\end{cases}
\qquad (2-53)
$$

式中,U_{sd}、U_{sq} 分别为 U_s 在 d 轴和 q 轴上的分量;i_{sd}、i_{sq} 分别为 i_s 在 d 轴和 q 轴上的分量;v_d、v_q 分别为 $[v_a\ v_b\ v_c]^{\mathrm{T}}$ 在 d 轴和 q 轴上的分量;u_{dc}、i_{dc} 分别为直流电压和直流电流。

其中 Park 变换式为

$$
\begin{bmatrix} x_d \\ x_q \end{bmatrix} = \frac{2}{3}
\begin{bmatrix}
\cos\theta & \cos\left(\theta - \dfrac{2\pi}{3}\right) & \cos\left(\theta + \dfrac{2\pi}{3}\right) \\[3mm]
-\sin\theta & -\sin\left(\theta - \dfrac{2\pi}{3}\right) & -\sin\left(\theta + \dfrac{2\pi}{3}\right)
\end{bmatrix}
\qquad (2-54)
$$

对式(2-53)进行拉普拉斯变换可得

$$
\begin{cases}
(R+Ls)i_{sd}(s) = u_{sd}(s) - v_d(s) + \omega L i_{sq}(s) \\
(R+Ls)i_{sq}(s) = u_{sq}(s) - v_q(s) + \omega L i_{sd}(s)
\end{cases}
$$
$$(2-55)$$

式(2-55)可以转换为如图 2-56 所示的相互耦合系统,忽略 R 和换流器损耗后,根据瞬时功率理论,dq 坐标系下的瞬时有功功率、无功功率、直流侧功率为

$$
\begin{cases}
P = u_{sd}i_{sd} + u_{sq}i_{sq} \\
Q = u_{sd}i_{sd} - u_{sq}i_{sq} \\
P_{dc} = u_{dc}i_{dc}
\end{cases}
\qquad (2-56)
$$

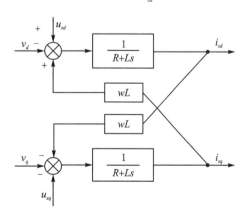

图 2-56　两相同步旋转坐标系下的等效模型

2.4.2　柔性直流输电控制保护系统

1. 控制系统

柔性直流输电的控制系统分成三个层:系统监视与控制层、控制保护层、现场 IO 层。

根据完成的功能与控制的目标,换流站控制可以分为系统级控制、换流站级控制、换流阀级控制、子模块级控制,如图 2-57 所示。

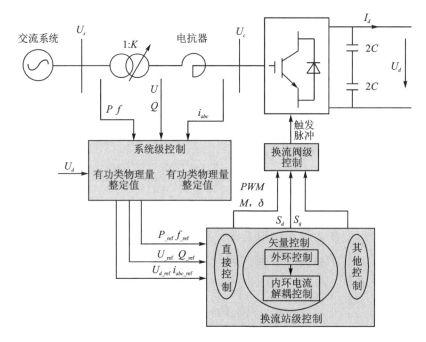

图 2-57　控制系统示意图

① 系统级控制:确定柔性直流工程各个换流站的控制目标与相互配合关系。

② 换流站级控制:确定站内的控制策略。

③ 换流阀级控制:产生换流阀基本模块的触发脉冲。

④ 换流器子模块级控制:该级控制的任务是接收换流器阀级控制产生的触发脉冲信号,根据触发脉冲信号,对子模块 IGBT 进行开通和关断控制。

⑤ 外环控制:外环控制包括交流电压控制、无功功率控制、直流电压控制、有功功率控制、频率控制。

⑥ 内环控制:内环控制包括内环电流控制、PLL 控制。

⑦ 阀控功能:实现换流阀的控制、保护、监测;与上层控制保护系统以及换流阀通信;实现子模块电容电压平衡功能以及环流控制等功能。

⑧ 所有控制功能统计:运行方式控制、控制模式转换、启停控制、多端协调、交流场控制、无功功率控制、交流电压控制、内环电流控制、锁相同步控制、桥臂环流控制、直流场控制、指令整定、有功功率控制、直流电压控制、频率控制、换流器限流控制、换流器监视。

2. VSC-HVDC 站级控制的基本控制方式

VSC-HVDC 的控制系统采用以电流反馈为特征的直接电流控制策略,又称电流矢量控制,即模仿电机领域的矢量控制策略来获得高品质电流响应。根据上述的换流器数学模型,VSC - HVDC 的控制器结构如图 2 - 58 所示,由锁相环、内环电流控制器和外环控制器组成。

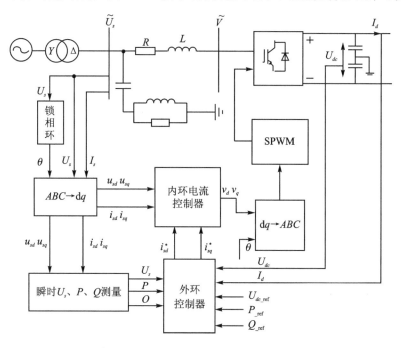

图 2 - 58　VSC - HVDC 控制器结构图

锁相环用来跟踪和锁定交流信号的幅值和相位,提供用于电压矢量定向控制和触发脉冲生成所需的基准相位。内环电流控制器跟踪电流参考值,并生成换流器期望的 d 轴和 q 轴分量。VSC - HVDC 可根据控制目标来设定外环控制器的控制方式,其中有功功率、直流电压、频率为有功功率性质的物理量,无功功率、交流电压为无功功率性质的物理量。VSC - HVDC 在选择控制方式时,必须选择其中一端为定直流电压控制来维持传输的有功功率平衡。以下为几种常用的外环控制器的控制方式。

（1）**功率外环控制器**

由瞬时功率的计算方法可得

$$\begin{cases} P = 1.5(u_d i_d + u_q i_q) \\ Q = 1.5(u_q i_d - u_d i_q) \end{cases} \tag{2-57}$$

其中,$[u_d \ u_q]^{\mathrm{T}} = u_{dq}$,$[i_d \ i_q]^{\mathrm{T}} = i_{dq}$,$u_{dq}$、$i_{dq}$ 分别为 u_{abc}、i_{abc} 从三相静止坐标变换到 dq 两相旋转坐标而来。

电网电压矢量以 d 轴定向,此时 $U_s = U_{sd}$,$U_{sq} = 0$,式(2 - 57)可转化为

$$\begin{cases} P = 1.5 U_s i_{sd} \\ Q = -1.5 U_s i_{sq} \end{cases} \tag{2-58}$$

U_s 在无穷大交流系统中基本不发生变化,即可通过控制 i_{sd}、i_{sq} 来分别控制有功功率和无功功率。引入稳态逆模型来设计控制器,有功电流和无功电流预估值为

$$\begin{cases} i'_{sd} = \dfrac{2P_{\_ref}}{3u_{sd}} = \dfrac{2P_{\_ref}}{3u_s} \\[3mm] i'_{sq} = -\dfrac{2Q_{\_ref}}{3u_{sd}} = -\dfrac{2Q_{\_ref}}{3u_s} \end{cases} \tag{2-59}$$

仍采用 PI 调节器,功率外环控制器如图 2 - 59 所示。

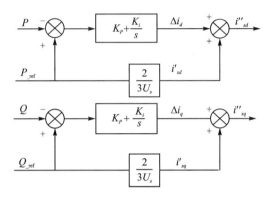

图 2 - 59   功率外环控制图

(2) 电压外环控制器

稳态运行时,忽略换流器损耗,交流系统的有功功率等于直流传输功率,即 $P = P_{dc}$,且此时 $i_d = i_{dc}$,因为此时 $\dfrac{\mathrm{d}u_{dc}}{\mathrm{d}u_t} = 0$,则

$$i_d = \frac{3u_{sd}i_{sd}}{2u_{dc}} = \frac{3u_s i_{sd}}{2u_{dc}} \tag{2-60}$$

为保证 VSC - HVDC 输送的有功功率达到最大,需要电压外环控制器的 q 轴的输出电流为 0,故可构建如图 2 - 60 所示的电压外环控制器。

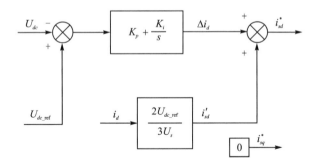

图 2 - 60   电压外环控制结构图

(3) 交流电压的控制方式

无功功率分量决定了换流母线交流电压范围,对无功功率补偿可实现交流电压的稳态运行。图 2 - 61 所示为交流电压控制器结构。

整定值 U_{s_ref} 和测量值 U_s 的偏差值经 PI 比例积分环节调节后,生成无功电流的指令值 i_q^*。表 2 - 7 所列为经常使用的两端 VSC - HVDC 控制方式。图 2 - 62 为 VSC - HVDC 双闭环解耦控制方式原理图。

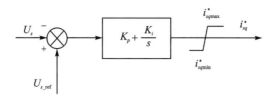

图 2 - 61　交流电压控制器结构

表 2 - 7　VSC - HVDC 常用的控制模式

控制模式	控制量
Ⅰ	定有功功率和交流电压
Ⅱ	定直流电压和交流电压

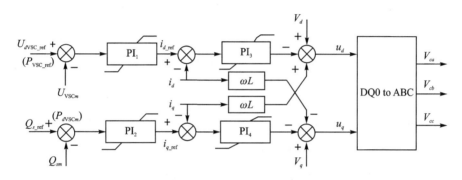

图 2 - 62　VSC - HVDC 解耦控制原理图

（4）保护系统

图 2 - 63 所示为高压直流保护系统示意图,保护分区主要分为:① 交流线路保护;② 交流母线保护;③ 换流变压器保护;④ 桥臂电抗器保护;⑤ 换流站保护;⑥ 直流母线保护;⑦ 直流线路保护;⑧ 子模块保护。

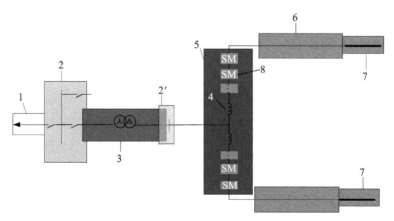

图 2 - 63　高压直流保护系统示意图

第 3 章　常规多馈入直流控制策略

3.1　基于广域量测的 HVDC 自抗扰附加阻尼控制器

对于系统小扰动引起的系统振荡问题,一般可以通过直流的附加控制来抑制,以提高系统的暂态稳定性。本节研究了以扩张状态观测器为核心组成部分的自抗扰控制方法,并将其应用到直流附加控制上。自抗扰控制技术(active disturbance rejection control,ADRC)是由中国科学院数学与系统科学研究院系统科学研究所经过多年的研究提出的控制方法,该控制方法以 PID 控制为基础,吸收了经典控制理论中"基于误差来消除误差"的思想精髓,通过运用非线性效应来改进传统的 PID 控制,具有超调小、响应速度快、控制精度高、抗扰性强、算法简单等优点,其核心在于对系统"总和扰动"的实时作用量的估计和补偿,通过补偿作用可以实现控制系统线性化。本节对自抗扰控制器的基本原理和结构进行了详细的分析,并将其运用到 HVDC 附加控制上,通过对四机两区域交直流系统和三直流三机系统仿真,并与传统的 PID 控制进行了比较,结果证明了该方法具有较强的鲁棒性。

3.1.1　PID 控制器的基本原理及优缺点

1. PID 控制器的基本原理

PID 是一种线性控制器,它依据整定值 $r_{in}(t)$ 与系统的实际输出值 $y_{out}(t)$ 之差来构造控制方案,即

$$e(t) = r_{in}(t) - y_{out}(t) \tag{3-1}$$

PID 的控制规律为

$$u(t) = k_p \left(e(t) + \frac{1}{T_i} \int_0^t e(t)\mathrm{d}t + T_d \frac{\mathrm{d}e(t)}{\mathrm{d}t} \right) \tag{3-2}$$

PID 控制的传递函数为

$$G(s) = \frac{U(s)}{E(s)} = k_p \left(1 + \frac{1}{T_i s} + T_d s \right) \tag{3-3}$$

具有 PID 控制器的闭环系统如图 3-1 所示。

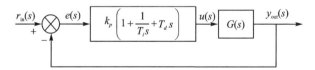

图 3-1　PID 控制器框图

PID 控制器各校正环节的作用如下:

① 比例环节作用:该环节以比例的形式反映控制系统的偏差信号 $e(t)$,一旦系统产生偏差,该环节立即产生控制作用,以减小偏差。增大比例环节的值,能够提高系统响应速度,但会降低系统稳定性。

② 积分环节作用:该环节的作用主要用来消除静态误差。该环节的作用强弱由积分时间常数 T 表示,T 越小,积分作用越强,反之则越弱。

③ 微分环节作用:该环节反映了偏差信号 $e(t)$ 的变化趋向,可以在偏差信号变大之前,在控制系统中提前引入一个有效的初期校正信号,从而加快控制系统的响应速度。

2. PID 控制优缺点分析

经典 PID 控制器的核心思想是依赖于给定值与实际输出之间的误差来产生控制作用,从而消除此误差。PID 控制具有不依赖于控制对象的具体数学模型,即不需要建立系统的精确数学模型。这对复杂的系统尤为适用,因为该类系统维数高,具有强非线性,难以建立其数学模型。由于 PID 具有不依赖于对象的数学模型的优点,因此实施起来比较容易,从而得到了广泛的应用。只要选择 PID 增益使闭环系统稳定,那么就能使被控对象达到静态指标。

PID 控制的缺点主要有以下几点:

① PID 控制具有较好的稳定裕度,但是被控系统的闭环动态品质受 PID 增益的变化影响非常大。然而,现实中的被控对象一般都是时刻变化的,若要实现 PID 控制具有较好的控制效果,需要经常对其参数进行调整,这一缺点制约了 PID 控制在实际系统中的应用。

② PID 控制是基于误差来消除误差的,这是其优点。但是,直接取控制目标与实际输出之间的误差来进行控制,会导致 PID 控制的"快速性"和"超调性"的矛盾。

③ PID 控制是误差的比例、积分、微分的加权线性组合形成反馈控制量。而在实际应用中,难以找到合适的微分器,所以常常只采用 PI 形式的控制,这限制了 PID 的实际应用。

④ PID 是误差的过去、现在、将来的适当组合来产生控制量的,经典 PID 控制采用的是三者的线性组合形式。线性组合未必是最佳的组合形式,可以在非线性领域寻求效率更高、更好的组合形式。

⑤ PID 控制的积分环节对抑制常值扰动确实具备效果。然而在系统没有扰动时,积分环节的反馈作用常使闭环系统的动态特性变差。而对于时刻变化的扰动,积分环节的抑制效果又不明显。

针对 PID 上述方面的缺陷,可以采用如下措施加以改进:

① 根据整定值 v,事先设置一个合适的过渡过程,相当于一个缓冲过程。这样在实施控制时,超调量会得到较好的控制,且不会对响应速度产生明显影响。

② 误差的微分信号可以用噪声放大效应很低的跟踪微分器、状态观测器或扩张状态观测器来提取。

③ 在非线性领域寻求更合适的组合形式来形成误差反馈。

④ 采用扩张状态观测器对系统中的扰动进行实时估计,并将其补偿到控制系统中。这种扰动估计补偿不仅能够抑制常值扰动的影响,而且能够抑制消除几乎任何形式的扰动。

3.1.2　自抗扰控制器基本原理

1. 自抗扰控制器基本思想

自抗扰控制器的核心思想是将系统的不确定部分和内外扰扩张成系统的状态量,并依此建立扩张状态观测器,估计出其对系统的实时作用量,进而补偿到控制器中去,从而实现反馈线性化。由此,将非线性系统转化为标准线性系统的积分串联型系统。设系统数学模型的一般表达式为

$$\begin{cases} x^n = f(x, \dot{x}, \cdots, x^{(n-1)}, w(t)) + bu \\ y = x \end{cases} \qquad (3-4)$$

其状态空间形式为

$$\begin{cases} \dot{x}_1(t) = x_2(t) \\ \dot{x}_2(t) = x_3(t) \\ \quad\vdots \\ \dot{x}_n(t) = f(x, \dot{x}, \cdots, x^{(n-1)}, w(t)) + bu \\ y = x_1(t) \end{cases} \qquad (3-5)$$

如果选择控制量为

$$u = \frac{-f(x, \dot{x}, \cdots, x^{(n-1)}, w(t)) + u_0}{b} \qquad (3-6)$$

则非线性系统可以化为线性系统:

$$\begin{cases} \dot{x}_1(t) = x_2(t) \\ \dot{x}_2(t) = x_3(t) \\ \quad\vdots \\ \dot{x}_n(t) = bu_0 \\ y = x_1(t) \end{cases} \qquad (3-7)$$

式中,函数 $f(x, \dot{x}, \cdots, x^{(n-1)}, w(t))$ 包含了系统的不确定部分以及内扰和外扰的总和。

2. 自抗扰控制器结构及各部分功能

以二阶自抗扰控制器为例,其控制结构如图 3-2 所示,其由以下四部分组成:

① 安排过渡过程。该环节采用跟踪微分器(tracking differentiator,TD)来实现。依据整定值 v_0 安排过渡过程 v_1,并提取其微分信号 v_2。对整定值安排合适的过渡过程,可以一定程度上解决超调和快速性之间的矛盾。

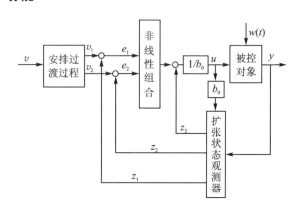

图 3-2 自抗扰控制器结构图

② 扩张状态观测器(extended state observer,ESO)。根据被控对象的输出 y 和输入 u 估计出对象的状态量 z_1、z_2 和作用于对象的总和扰动量 z_3。

③ 状态误差的非线性反馈(nonlinear state error feedback,NLSEF)。系统的状态误差是指 $e_1 = v_1 - z_1$,$e_2 = v_2 - z_2$,根据误差 e_1,e_2 的非线性组合确定控制对象的控制律 u_0。

④ 扰动估计补偿。将扰动估计值 z_3 补偿到反馈控制量 u_0 中形成最终的控制量。

3. 自抗扰控制器完整算法

① TD 算法：

$$\begin{cases} fh = \text{fhan}(v_1 - v_0, v_2, r_0, h) \\ v_1 = v_1 + hv_2 \\ v_2 = v_2 + hfh \end{cases} \tag{3-8}$$

式中，h 为采样频率，参数 r_0 决定了过渡过程的快慢，函数 $\text{fhan}(x_1, x_2, r_0, h)$ 算法如下：

$$\begin{cases} d = rh \\ d_0 = hd \\ y = x_1 + hx_2 \\ a_0 = \sqrt{d^2 + 8r|y|} \\ a = \begin{cases} x_2 + \dfrac{(a_0 - d)}{2}\text{sign}(y), & |y| > d_0 \\ x_2 + \dfrac{y}{h}, & |y| \leqslant d_0 \end{cases} \\ \text{fhan} = -\begin{cases} r\,\text{sign}(a), & |a| > d \\ r\,\dfrac{a}{d}, & |a| \leqslant d \end{cases} \end{cases} \tag{3-9}$$

② ESO 算法：

$$\begin{cases} e = z_1 - y \\ fe = \text{fal}(e, \alpha/2, \delta) \\ fe_1 = \text{fal}(e, \alpha/4, \delta) \\ \dot{z}_1 = z_2 - \beta_1 e \\ \dot{z}_2 = z_3 - \beta_2 fe + b_0 u \\ \dot{z}_3 = -\beta_3 fe_1 \end{cases} \tag{3-10}$$

而 $\text{fal}(\cdot)$ 是如下形式的非光滑函数：

$$\text{fal}(e, \alpha, \delta) = \begin{cases} |e|^\alpha \text{sign}(e), & |e| > \delta \\ e/\delta^{1-\alpha}, & |e| \leqslant \delta \end{cases} \tag{3-11}$$

式中，$0 < \alpha \leqslant 1$，一般情况下取 1；δ 由采样步长决定；$\beta_1, \beta_2, \beta_3$ 为一组观测器参数。

③ NLSEF 算法：

$$\begin{cases} e_1 = v_1 - z_1, \quad e_2 = v_2 - z_2 \\ u_0 = -\text{fhan}(e_1, ce_2, r, h_1) \end{cases} \tag{3-12}$$

式中，c, r, h_1 为可调参数，fhan 算法同式(3-9)。

④ 扰动补偿：

$$u = \frac{-z_3 + u_0}{b_0} \tag{3-13}$$

3.1.3　自抗扰控制器参数整定

自抗扰控制器由 4 个部分组合而成，因此，整定的参数比较多。然而，从自抗扰控制器的原理和结构来看,自抗扰控制器的各个组成部分独立地实现相应的功能,可以按照分离性原理独立整定参数,以简化自抗扰控制器的设计。由分离性原则最终可确定的 ADRC 参数整定公式为

$$
\begin{cases}
r_0 = \dfrac{0.000\,1}{h^2} \\
\delta = h \\
\beta_1 = 1/dt,\ \beta_2 = 1/(1.6dt^{1.5}),\ \beta_3 = 1/(8.6dt^{2.2}) \\
r = \dfrac{0.5}{h^2},\ c = 0.5,\ h_1 = 5h
\end{cases}
\tag{3-14}
$$

由此,除扰动补偿因子 b_0 外,其他参数都可以通过式(3-14)得到。参数 b_0 一般取与系统参数 b 相等,且适当加大 b_0 值可以有效地补偿扰动和模型的不确定因素。

3.1.4　直流多落点系统控制敏感点挖掘原理

由文献[19]、[20]可知,对于多直流落点系统,直流在系统所处位置的差异,通过其附加控制对系统振荡产生的抑制效果差别很大。因此,当系统存在扰动时,采用 HVDC 对系统振荡进行抑制时,必存在最佳的一回路 HVDC,即控制敏感点。

1. HVDC 对系统功率振荡的阻尼作用灵敏度分析

首先针对如图 3-3 所示的单回直流系统进行研究。两区域的电力系统 1 和 2 用简单的等值电机表示,发电机采用暂态电抗后恒电势模型,网络和直流系统采用较详细的模型。

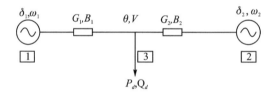

图 3-3　HVDC 接入交流系统示意图

$$
\begin{cases}
M_1 \Delta\dot\omega_1 = -B_1\cos(\delta_1-\theta)\Delta\omega_1 + B_1 V\cos(\delta_1-\theta)\Delta\theta + (G_1-P_{13})\Delta V/V \\
M_2 \Delta\dot\omega_2 = -B_2\cos(\delta_2-\theta)\Delta\omega_2 + B_2 V\cos(\delta_2-\theta)\Delta\theta + (G_2-P_{23})\Delta V/V \\
\Delta\dot\delta_1 = \Delta\omega_1 \\
\Delta\dot\delta_2 = \Delta\omega_2 \\
\Delta P_d = -B_1 V^2 \Delta\delta_1 + B_2 V^2 \Delta\delta_2 - BV^2\Delta\theta - (GV-P_d/V)\Delta V \\
\Delta P_d = k_{p1}\Delta\omega_1 + k_{p2}\Delta\omega_2
\end{cases}
\tag{3-15}
$$

式中,$B=B_1+B_2$,$G=G_1+G_2$,并假设 $B\cos(\delta_i-\theta)$ 确定了 $G\sin(\delta_i-\theta)$,而 B 确定了 Q_{ik}/V^2 和 B_c,其中 Q_{ik} 表示母线 i 流向母线 k 的无功功率,B_c 和 Q_c 分别为并联电容器电纳及其多产生的无功功率。

选取发电机的转速信号进行直流的有功功率调节,有

$$
\Delta P_d = k_{p1}\Delta\omega_1 + k_{p2}\Delta\omega_2
\tag{3-16}
$$

消去代数变量 ΔV 和 $\Delta\theta$,得线性化微分方程为

$$\dot{x} = Ax \tag{3-17}$$

其中,$x = \begin{bmatrix} \Delta\omega_1 & \Delta\omega_2 & \Delta\delta_1 & \Delta\delta_2 \end{bmatrix}^{\mathrm{T}}$。

系统矩阵 A 写为

$$A = \begin{bmatrix} a_{11} & a_{12} & b_{11} & b_{12} \\ a_{21} & a_{22} & b_{21} & b_{22} \\ 1 & 0 & 0 & 0 \\ 0 & 1 & 0 & 0 \end{bmatrix} \tag{3-18}$$

式(3-18)中,a_{ik} 确定了阻尼,b_{ik} 确定了振荡频率。定义阻尼矩阵

$$D = \begin{bmatrix} a_{11} & a_{12} \\ a_{21} & a_{22} \end{bmatrix} \tag{3-19}$$

考虑直流的有功调节之后,可以推导出阻尼矩阵 D。作如下假设:$B^2V^4 \gg P_d^2 - G^2V^4$ 和 $B_1BV^3\cos(\delta_1 - \theta) \gg (G_1 - P_{13})(GV^2 + P_d)$,则

$$D \approx - \begin{bmatrix} \dfrac{k_{p1}B_1\cos(\delta_1 - \theta)}{M_1 B} & \dfrac{k_{p2}B_1\cos(\delta_1 - \theta)}{M_1 B} \\ \dfrac{k_{p1}B_2\cos(\delta_2 - \theta)}{M_2 B} & \dfrac{k_{p2}B_2\cos(\delta_2 - \theta)}{M_2 B} \end{bmatrix} \tag{3-20}$$

对于图 3-3 所示系统,特征值 λ 与其右特征向量 e 及左特征向量 f 满足 $\lambda e = Ae$,$\lambda f^{\mathrm{T}} = f^{\mathrm{T}}A$。则 λ 对参数 x 的灵敏度为

$$\frac{\partial\lambda}{\partial x} = \frac{f^{\mathrm{T}} \dfrac{\partial A}{\partial x} e}{f^{\mathrm{T}} e} \tag{3-21}$$

为了分析 HVDC 换流器位置对系统的影响,如图 3-4 所示,令 HVDC 位置离两台发电机的距离分别为 $X_1 = aX$ 和 $X_2 = (1-a)X$,$0 \leqslant a \leqslant 1$。

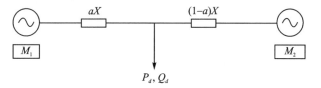

图 3-4　HVDC 端的位置示意图

对于图 3-4,可得到

$$D \approx - \begin{bmatrix} \dfrac{k_{p1}(1-a)\cos(\delta_1 - \theta)}{M_1} & \dfrac{k_{p2}(1-a)\cos(\delta_1 - \theta)}{M_1} \\ \dfrac{k_{p1}a\cos(\delta_2 - \theta)}{M_2} & \dfrac{k_{p2}a\cos(\delta_2 - \theta)}{M_2} \end{bmatrix} \tag{3-22}$$

对于式(3-15)所研究的系统方程,左特征向量满足 $f(\dot{\omega}_1) = -f(\dot{\omega}_2)$。于是相对于 k_{p1} 的特征值灵敏度为

$$\frac{\partial\lambda}{\partial k_{p1}} \approx -\left(\frac{1-a}{M_1} - \frac{a}{M_2} \right) \frac{f(\dot{\omega}_1)e(\omega_1)}{f^{\mathrm{T}}e} \tag{3-23}$$

由式(3-23)可知,当 $aM_1 < (1-a)M_2$,则应当与 ω_1 同相调节 P_d,即 $k_{p1} > 0$ 和 $k_{p2} < 0$。

aM_1 可以解释为以质量衡量的相对于发电机 1 的电气距离，$(1-a)M_2$ 为以质量衡量的相对于发电机 2 的电气距离。由此，可以得到：如果 HVDC 系统离某个发电机的电气距离短，则 HVDC 系统的有功调节是最有效的。

2. 控制敏感点确定方法

控制敏感点选取可通过控制敏感因子指标来确定。其计算式为

$$\rho = \frac{\Delta\delta}{\Delta P} \tag{3-24}$$

式中，$\Delta\delta$ 为主振模态对应的强相关机组的功角变化量；ΔP 为直流参考功率施加的扰动量。控制敏感因子越大，即在该直流施加附加控制，其抑制振荡效果越好。具体求取步骤如下：

① 通过 TLS - ESPRIT 算法辨识得到系统振荡模态，并筛选出主振模态，选出与主振模态相对应的强相关的发电机组。

② 分别在不同直流上施加相同扰动 ΔP，测出强相关机组间的功角变化量。

③ 由式(3 - 24)计算控制敏感因子。选出控制敏感因子最大值，则其对应的直流为最佳的控制地点。

在 PSCAD 中搭建三机三直流输电仿真系统，拓扑结构如图 3 - 5 所示。该系统中，三条直流线路均采用标准的 CIDRE 模型，直流系统主控制器采用传统 PI 控制，控制方式为整流侧定直流电流、逆变侧定触发关断角。直流线路每回路功率为 $P_{dc}=1\ 000$ MW，$V_{dc}=500$ kV。

在如图 3 - 5 所示的仿真系统中施加扰动，1 s 时节点 4 突然失去负荷，持续时间 0.5 s 后恢复。分别测出 G_1、G_2、G_3 的功角变化曲线如图 3 - 6 所示。

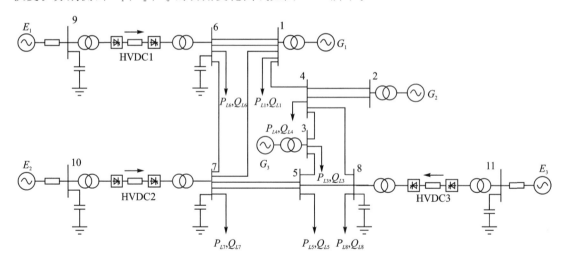

图 3 - 5　三机三直流输电系统

通过 Prony 辨识可以得到系统的主振模态及各台发电机的相角，如表 3 - 1 所列。

表 3 - 1　三机三直流系统主振模式

主振频率/Hz	阻尼比/%	G_1 相角/(°)	G_2 相角/(°)	G_3 相角/(°)
2.34	0.131	117.2	-76.3	97.5

由表 3 - 1 可见，三台发电机均参与振荡，发电机 G_2 逆反与 G_1 和 G_3 摇摆。为此，以 G_2

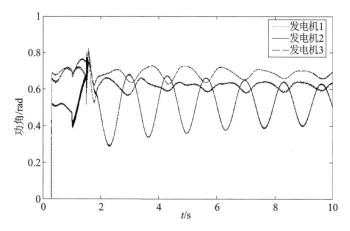

图 3-6　三台发电机功角振荡曲线

与 G_1、G_3 的功角差或频率差为观测目标。在无直流附加控制情况下,分别在三条直流上施加 50 MW 的功率冲击,选取 $\Delta\omega_{23}$ 为观测目标。通过式(3-24)计算得到各条直流的控制敏感因子,如表 3-2 所列。

表 3-2　三机三直流系统控制敏感因子

参数	HVDC1	HVDC2	HVDC3
主振频率/Hz	2.34	2.34	2.34
控制敏感因子(归一化)	0.184 9	0.196 7	0.618 3

由表 3-2 可见,HCDC3 的控制敏感因子明显大于 HVDC1 和 HVDC2,由此得出 HVDC3 是系统的最佳控制敏感点。

3. 控制敏感点仿真验证

2 s 时刻,母线 4 处发生三相短路故障,持续 0.5 s 恢复。以发电机 G_2 和发电机 G_3 的转子角速度偏差变化作为控制目标,分别在无直流调制下和三条直流分别调制时进行仿真,直流调制采用经典 PID 控制。控制效果如图 3-7 所示。

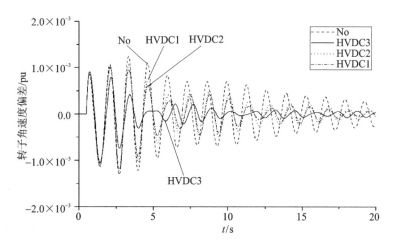

图 3-7　不同直流调制下 $\Delta\omega_{23}$

由图 3-7 可见,各条直流附加控制都可以一定程度上抑制系统振荡,但是 HVDC3 上的附加控制的抑制效果明显要好于 HVDC2 和 HVDC1。这说明了直流附加控制选点的重要性,也验证了本书中所提方法的准确性。

3.1.5 仿真分析

1. 四机两区域交直流系统自抗扰附加控制器仿真分析

在 PSCAD 中搭建四机两区域仿真系统,拓扑结构如图 3-8 所示。区域 1 和区域 2 各有两台发电机,发电机 1 转动惯量为 $6.5\ \mathrm{kg \cdot m^2}$,发电机 3 转动惯量为 $6.175\ \mathrm{kg \cdot m^2}$,额定转子角速度均为 1 pu,稳态运行时,交流线路单回传输功率 $P_{ac1} = P_{ac2} = 103\ \mathrm{MW}$,直流传输有功功率为 $P_{dcref} = 198\ \mathrm{MW}$,负荷 $P_{L1} = 302\ \mathrm{MW}$,负荷 $P_{L2} = 556\ \mathrm{MW}$,直流系统主控制器采用传统 PI 控制,控制方式为整流侧定直流电流、逆变侧定触发关断角。

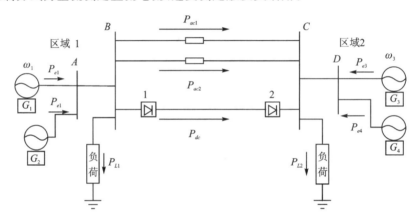

图 3-8 四机两区域仿真系统拓扑结构图

(1) 系统辨识及振荡特性分析

使用 TLS-ESPRIT 算法对图 3-8 所示系统的区域间振荡特性进行分析和系统辨识。以直流系统整流侧定电流控制信号施加阶跃扰动为输入,以发电机 G_1 与 G_3 转子角速度偏差 $\Delta\omega_{13}$ 为输出,辨识得到的传递函数为

$$G(s) = \frac{y(s)}{u(s)} = \frac{-0.000\,6s^4 + 0.003\,6s^3 - 0.007\,8s^2 + 0.006\,1s}{s^4 + 0.284\,9s^3 + 6.261s^2 + 0.948\,1s + 8.713} \quad (3-25)$$

式中,y 为角速度偏差 $\Delta\omega_{13}$。画出系统的零极点分布如图 3-9 所示。

由此,得到区域 1 和区域 2 之间的振荡模式如表 3-3 所列。

表 3-3 四机两区域系统振荡模式

振荡频率/Hz	阻尼比
1.45	0.005 91
2.03	0.027 9

由表 3-3 可知,扰动发生时,系统存在振荡频率为 1.45 Hz 和 2.03 Hz 的低频振荡模式。汉克尔奇异值降阶理论具有很强的理论基础,因此采用该方法对系统进行降阶。首先计算每个模态的相对能量,如图 3-10 所示。

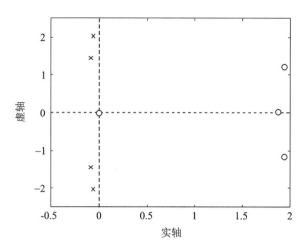

图 3-9　零极点分布

由于奇异值的大小反映了其所对应的状态量对系统影响的大小。小的奇异值,其所对应的状态量对系统影响较小,剔除最后两个较小的奇异值对应的状态量,对系统影响不大。由此,得到降阶后的二阶传递函数为

$$G(s) = \frac{y(s)}{u_1(s)} = \frac{0.002\,7s^2 - 0.006\,7s}{s^2 + 0.082\,8s + 3.94} \tag{3-26}$$

降阶前后系统的阶跃响应如图 3-11 所示。其中,虚线是原系统的阶跃响应曲线,实线是降阶后系统的阶跃响应曲线。由图可知,阶跃响应曲线虽然存在一定偏差,但是保留了系统的主要特征,而由于降阶导致的系统模型的不确定性,可以通过扩张状态观测器对其补偿,因此可以满足要求。

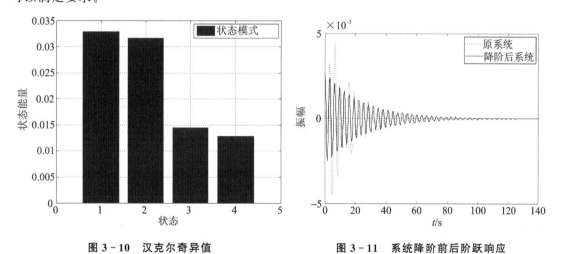

图 3-10　汉克尔奇异值　　　　　　　　**图 3-11　系统降阶前后阶跃响应**

（2）自抗扰附加控制器设计

以降阶得到的二阶传递函数为控制对象,采用本节自抗扰控制方法对其设计自抗扰控制器。首先将传递函数转换为微分方程形式为

$$\ddot{y} + a_1\dot{y} + a_0 y = b_2\ddot{u}_1 + b_1\dot{u}_1 \tag{3-27}$$

式中, $a_1 = 0.082\,8$, $a_0 = 3.94$, $b_2 = 0.002\,7$, $b_1 = 0.006\,7$。令 $u_1 = 0$,若系统存在外扰及由参

数摄动引起的系统的不确定部分,统记为 $w(t)$。则式(3-27)变为

$$\ddot{y} + a_1\dot{y} + a_0 y = w(t) \qquad (3-28)$$

令 $x_1 = y, x_2 = \dot{y}, x_3 = w(t)$。则式(3-28)进一步可改写为

$$\begin{cases} \dot{x}_1 = x_2 \\ \dot{x}_2 = x_3 - a_0 x_1 - a_1 x_2 \\ \dot{x}_3 = a(t) \\ y = x_1 \end{cases} \qquad (3-29)$$

式中,$a(t)$ 为 $w(t)$ 的导数。对式(3-29)建立其扩张状态观测器,即

$$\begin{cases} e = z_1 - y \\ \dot{z}_1 = z_2 - \beta_1 e \\ \dot{z}_2 = z_3 - a_0 z_1 - a_1 z_2 - \beta_2 \mathrm{fal}(e,\alpha/2,\delta) \\ \dot{z}_3 = -\beta_3 \mathrm{fal}(e,\alpha/4,\delta) \end{cases} \qquad (3-30)$$

式中,z_1、z_2 和 z_3 分别为状态量 x_1、x_2 和 x_3 的观测值。根据上述算法可得到系统的控制律 u。

自抗扰附加控制器加装在整流侧,以提高系统阻尼、抑制区域间频率振荡为目的。控制结构图如图3-12所示。

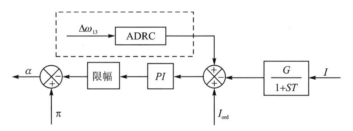

图 3-12 HVDC 自抗扰附加控制器结构图

(3)传统 PID 控制器设计

根据 Ziegler-Nichols 整定法,确定出 PID 控制器的整定参数,K_P 为 24.921、T_i 为 1.609、T_d 为 0.422,其控制结构如图3-13所示。其中 washout 环节为高通滤波器 $\dfrac{sT}{1+sT}$,时间常数 T 设置为 10 s。

(4)仿真结果

本节控制器均以抑制系统区域间低频振荡为目的,使用发电机 G_1 和发电机 G_3 的转子角速度偏差变化作为控制目标,施加两种形式的扰动,对比分析自抗扰附加控制器与 PID 附加控制器的控制效果。施加两种扰动时,两种控制器用的都是相同的整定参数。

扰动1:3 s 时刻,整流侧定电流控制器的电流整定值由 1 pu 减小至 0.95 pu。由扩张观测器估计的实时扰动量如图3-14所示。自抗扰控制器与传统 PID 控制器对区域间低频振荡的抑制效果对比如图3-15所示。

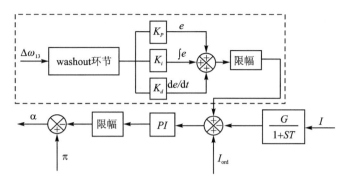

图 3 - 13　传统 **PID** 控制器结构图

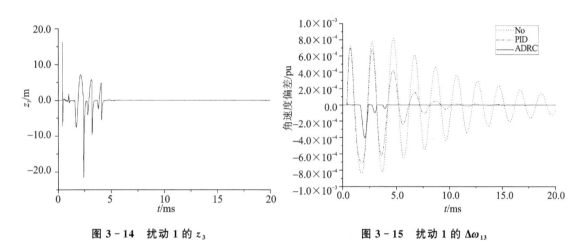

图 3 - 14　扰动 1 的 z_3　　　　　　　图 3 - 15　扰动 1 的 $\Delta\omega_{13}$

扰动 2：3 s 时刻，换流站 2 靠近母线节点 C 处发生单相短路接地故障，故障持续时间为 0.1 s。由扩张观测器估计的实时扰动量 z_3 如图 3 - 16 所示。自抗扰控制器与传统 PID 控制器的控制效果如图 3 - 17 所示。

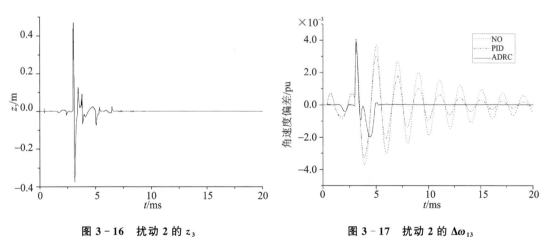

图 3 - 16　扰动 2 的 z_3　　　　　　　图 3 - 17　扰动 2 的 $\Delta\omega_{13}$

2. 直流多落点系统自抗扰附加控制器仿真分析

（1）系统模型辨识

采用 TLS - ESPRIT 算法对图 3 - 5 所示系统的振荡特性进行分析和系统辨识。同样,以直流系统整流侧定电流控制信号施加阶跃扰动为输入信号,以发电机 G_2 与 G_3 转子角速度偏差 $\Delta\omega_{23}$ 为输出。以 HVDC3 直流为例,辨识得到的传递函数为

$$G(s) = \frac{y(s)}{u_1(s)}$$

$$= \frac{-0.000\,579\,4s^6 + 0.002\,702s^5 - 0.016\,77s^4 + 0.033\,43s^3 - 0.037\,33s^2 - 0.006\,833s}{s^6 + 1.042s^5 + 14.79s^4 + 11.16s^3 + 57.53s^2 + 21.48s + 32.67}$$

$$(3-31)$$

式中,y 为角速度偏差 $\Delta\omega_{23}$。画出系统的零极点分布如图 3 - 18 所示。

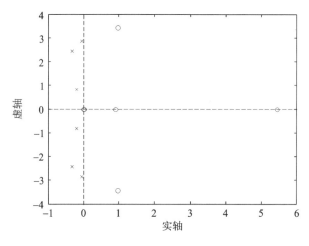

图 3 - 18　零极点分布

采用汉克尔奇异值降阶理论对系统降阶。首先计算每个模态的相对能量,如图 3 - 19 所示。

由于奇异值的大小反映了其所对应的状态量对系统影响的大小。小的奇异值,其所对应的状态量对系统影响较小,剔除 4 个较小的奇异值对应的状态量,对系统影响不大。由此,得到降阶后的二阶传递函数为

$$G(s) = \frac{y(s)}{u_1(s)} = \frac{0.000\,655\,8s^2 - 0.007\,066s - 6.276 \times 10^{-18}}{s^2 + 0.034\,82s + 8.306} \qquad (3-32)$$

降阶前后系统的阶跃响应如图 3 - 20 所示。其中,虚线是原系统的阶跃响应曲线,实线是降阶后系统的阶跃响应曲线。由图 3 - 20 可知,阶跃响应曲线虽然存在一定偏差,但是保留了系统的主要特征,而由降阶导致的系统模型的不确定性,可以通过扩张状态观测器对其补偿,因此能够满足要求。

（2）自抗扰附加控制器设计

以降阶得到的二阶传递函数为控制对象,采用自抗扰控制方法对其设计自抗扰控制器。首先将传递函数转换为微分方程形式为

$$\ddot{y} + a_1\dot{y} + a_0y = b_2\ddot{u}_1 + b_1\dot{u}_1 + b_0u_1 \qquad (3-33)$$

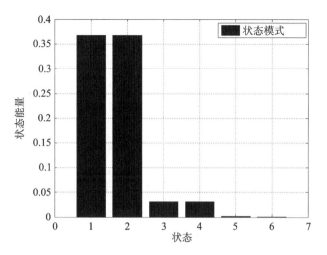

图 3 - 19　汉克尔奇异值

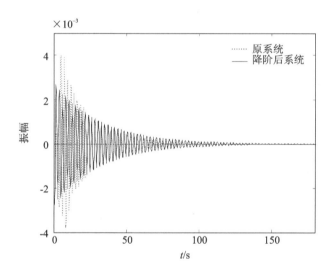

图 3 - 20　系统降阶前后阶跃响应

式中，$a_1 = 0.034\,82$，$a_0 = 8.306$，$b_2 = 0.000\,655\,8$，$b_1 = 0.007\,066$，$b_0 = -6.276 \times 10^{-18}$。令 $u_1 = 0$，若系统存在外扰及由参数摄动引起的系统的不确定部分，统记为 $w(t)$。则式（3 - 33）变为

$$\ddot{y} + a_1 \dot{y} + a_0 y = w(t) \tag{3 - 34}$$

令 $x_1 = y$，$x_2 = \dot{y}$，$x_3 = w(t)$。则式（3 - 34）进一步可改写为

$$\begin{cases} \dot{x}_1 = x_2 \\ \dot{x}_2 = x_3 - a_0 x_1 - a_1 x_2 \\ \dot{x}_3 = a(t) \\ y = x_1 \end{cases} \tag{3 - 35}$$

式中，$a(t)$ 为 $w(t)$ 的导数。对式（3 - 35）建立其扩张状态观测器，即

$$\begin{cases} e = z_1 - y \\ \dot{z}_1 = z_2 - \beta_1 e \\ \dot{z}_2 = z_3 - a_0 z_1 - a_1 z_2 - \beta_2 \mathrm{fal}(e, \alpha/2, \delta) \\ \dot{z}_3 = -\beta_3 \mathrm{fal}(e, \alpha/4, \delta) \end{cases} \tag{3-36}$$

式中，z_1、z_2 和 z_3 分别为状态量 x_1、x_2 和 x_3 的观测值。

（3）仿真结果

为了验证 ADRC 方法的有效性，在 HVDC3 上分别施加两种形式的扰动，并与传统的 PID 控制进行对比。

扰动 1：扰动形式与上小节相同。由扩张观测器估计的实时扰动量 z_3 如图 3-21 所示。自抗扰控制器与传统 PID 控制器对系统振荡的抑制效果对比如图 3-22 所示。

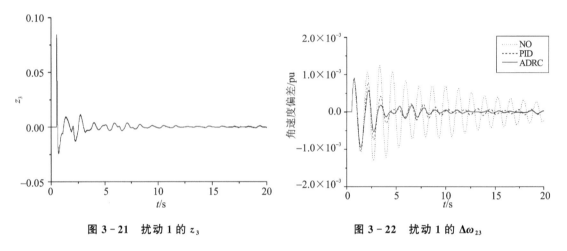

图 3-21　扰动 1 的 z_3　　　　　　　　图 3-22　扰动 1 的 $\Delta\omega_{23}$

扰动 2：2 s 时刻，整流侧定电流控制器的电流整定值由 1 pu 减小至 0.95 pu。由扩张观测器估计的实时扰动量 z_3 如图 3-23 所示。自抗扰控制器与传统 PID 控制器对区域间低频振荡的抑制效果对比如图 3-24 所示。

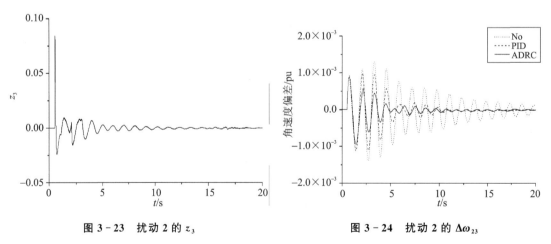

图 3-23　扰动 2 的 z_3　　　　　　　　图 3-24　扰动 2 的 $\Delta\omega_{23}$

由图 3-22 和图 3-24 可见，当系统发生扰动时，传统 PID 和 ADRC 都对系统的振荡具有抑制效果。但相比传统 PID 控制器，HVDC 自抗扰附加控制器具有超调小、稳定快的优点，从而证明了该控制器的有效性和鲁棒性。

ADRC 是 PID 控制的改进,保留了其基于误差来消除误差的精髓,并对整定值安排适当的过渡过程,一定程度上可消除控制的超调量;采用扩张状态观测器对系统的实时扰动量进行补偿,实现控制的反馈线性化,并拓宽了控制器对参数摄动的适应性。采用非线性反馈的适当组合,是对以往线性组合的一种改进,可以实现寻求更适合、更有效的组合形式。

3.2　基于不平衡功率动态估计的直流幅值阶梯递增紧急功率支援

高压直流输电具有快速可控性及过载能力,因此,常通过对其附加控制以改善交直流互联系统的暂态稳定性。直流紧急功率支援是常用的附加控制策略之一,目前已在现有的直流工程中得到了应用,实际的运行经验表明该方法能够显著提高交直流互联系统的暂态稳定性,减少故障期间切机切负荷数量。直流紧急功率支援按照扰动形式,分为区域内扰动紧急功率支援和联络线故障紧急功率支援两种类型。区域内扰动是由于区域内部短路故障、负荷启停或发电机故障等原因造成的功率扰动;联络线故障,即对于多条交直流并联输电系统,当其中交流输电线路或直流输电系统故障后造成的功率扰动。直流紧急功率支援,即利用正常运行直流的快速可控性,紧急调整功率传输,确保互联电网的稳定性。联络线故障下的直流紧急功率支援是紧急功率支援最主要的形式,因为联络线故障对电网的影响一般都比较大,因此,本节主要针对联络线故障下的紧急功率支援进行研究。

紧急功率支援是针对互联电力系统,由于故障或扰动,出现较大的功率过剩或功率缺额的紧急控制措施。通过直流的快速提升或回降功能,抑制发电机功角的首摆和后续摆的稳定。文献[31]基于模型预测控制方法设计了 HVDC 辅助阻尼控制,文献[32]基于时间最优和自抗扰跟踪方法研究了广域紧急功率支援,文献[33]基于自适应动态面控制方法设计了广域功率支援控制器,文献[34]研究了多代理方法在紧急功率支援中的应用,并在附加信号调节 Agent 中通过挖掘最佳控制敏感点进行直流附加控制,文献[35]通过定义功率支援因子来选取最优直流,从而实现最优紧急功率支援。从已有文献中可以看出,目前对直流紧急功率支援的研究主要集中在以上两个方面:

(1) 功率支援限制因素研究

由于直流在进行有功传输的时候,换流站需要吸收大量的无功功率,故在直流功率提升的时候,需要考虑换流站无功功率的限制,另外需考虑功率传输极限的限制。

(2) 功率支援提升和回降时刻以及提升量和回降量研究

合适的直流紧急功率提升时刻、回降时刻、提升量以及回降量对抑制电网的振荡是非常重要的。不恰当的提升、回降时刻和提升、回降量,不仅不能起到抑制电网震荡的作用,反而可能会恶化系统。提升和回降量的确定,关键因素是系统功率不平衡量大小的确定。只有实时掌握功率不平衡量的大小,才能制定合理的功率支援量。

3.2.1　紧急功率支援机理分析

在研究故障下电力系统暂态稳定性问题时,常常将系统等效为双机失稳模式,即将系统划分为临界群 S 和余下群 A,因此系统功角稳定性问题即变为临界群 S 对余下群 A 的相对摇摆

问题。临界群 S 和余下群 A 的暂态运动方程为

$$
\begin{cases}
\dot{\delta}_S = \omega_S \\
\dot{\omega}_S = \dfrac{1}{M_S} \sum_{i \in S} \left[P_{mi} - P_{ei} \right]
\end{cases}
\tag{3-37}
$$

$$
\begin{cases}
\dot{\delta}_A = \omega_A \\
\dot{\omega}_A = \dfrac{1}{M_A} \sum_{j \in A} \left[P_{mj} - P_{ej} \right]
\end{cases}
\tag{3-38}
$$

其中

$$
\begin{cases}
\delta_S = \dfrac{1}{M_S} \sum_{i \in S} M_i \delta_i \\[2mm]
\delta_A = \dfrac{1}{M_A} \sum_{j \in A} M_j \delta_j \\[2mm]
\omega_S = \dfrac{1}{M_S} \sum_{i \in S} M_i \omega_i \\[2mm]
\omega_A = \dfrac{1}{M_A} \sum_{j \in A} M_j \omega_j \\[2mm]
M_S = \sum_{i \in S} M_i \\[2mm]
M_A = \sum_{j \in A} M_j
\end{cases}
\tag{3-39}
$$

式中，M_S、M_A 为临界群 S 和余下群 A 的等值惯性时间常数；δ_S、δ_A 分别为 S 和 A 的惯性中心下的功角；ω_S、ω_A 分别为 S 和 A 的惯性中心下的角频率；P_{mi}、P_{ei} 分别为 S 中的第 i 台机组的机械功率和电磁功率；P_{mj}、P_{ej} 分别为 A 中的第 j 台机组的等值机械功率和电磁功率。

合并式（3-37）和式（3-38），则两机群暂态运动状态方程可以等效为单机系统，等效的单机系统转子运动方程为

$$
\begin{cases}
\dot{\delta}_{SA} = \omega_{SA} \\
\dot{\omega}_{SA} = \dfrac{1}{M_S} \sum_{i \in S} (P_{mi} - P_{ei}) - \dfrac{1}{M_A} \sum_{j \in A} (P_{mj} - P_{ej})
\end{cases}
\tag{3-40}
$$

式中，$\delta_{SA} = \delta_S - \delta_A$，$\omega_{SA} = \omega_S - \omega_A$。对于上述等效的单机系统，正常稳定运行时，$\dot{\omega}_{SA}$ 为 0。当系统内部发生故障时，由于发电机转子惯性的作用，不能够瞬时保证机械功率和电磁功率相等，加在发电机转子上不平衡力矩的作用将导致转子加速或减速，此时 $\dot{\omega}_{SA}$ 不为 0，若不能及时有效地施加控制措施，则会导致 δ_{SA} 增大，超出系统稳定的运行点范围，最终导致系统失稳。

以临界群 S 内部发电机突发严重故障导致的切机或功率很大的负荷在运行调度计划外的突然启动为例，这种情况将会导致临界群 S 区域功率的瞬时缺额，临界群 S 内的机组由于机械功率小于电磁功率，转子将会减速。若将功率支援等效为机械功率，则通过附加紧急功率支援措施，式（3-40）可修改为

$$\begin{cases} \dot{\delta}_{SA} = \omega_{SA} \\ \dot{\omega}_{SA} = \dfrac{1}{M_S} \displaystyle\sum_{i \in S} \left[(P_{mi} + \Delta P_m) - P_{ei} \right] - \dfrac{1}{M_A} \displaystyle\sum_{j \in A} \left[(P_{mj} - \Delta P_m) - P_{ej} \right] \end{cases} \quad (3-41)$$

式中，ΔP_m 即为直流紧急功率支援量。由式(3-41)可以看出，通过直流的附加紧急功率支援措施，可以实现减小转子频率差，从而稳定功角的目的。合适的 ΔP_m 能够对镇定功角起到积极的作用，不合适的 ΔP_m 反而可能会恶化系统。而 ΔP_m 大小的确定，与系统内部不平衡量的大小有重要的关系，功率不平衡量由于系统自身调节作用以及负荷响应特性，其大小是实时变化的。通过实时在线估计系统不平衡量，从而可以制定有效的功率支援量。

3.2.2 构建不平衡功率估测器

采用观测器理论进行电力系统故障或扰动的诊断已有研究，文献[39]通过在 HVDC 状态方程上引入新的参数来构造一个虚拟故障，并通过迭代求解，从而实现对故障的估计。文献[40]采用 ESO 的方法实现对电机转子磁链的观测。

本书采用 ESO 来研究交直流互联系统区域内功率不平衡量估计，将区域功率不平衡量等效为一个扰动状态量，从而实现对其大小的估计，进而制定紧急功率支援策略。ESO 是自抗扰控制器的核心组成部分。从某种意义上来说，ESO 是通用而实用的扰动观测器，可以处理常见的系统参数未知、未建模动态、未知负载扰动等不确定性问题。

1. 扩张状态估测器基本原理

系统数学模型的一般表达式为

$$\begin{cases} x^n = f(x, \dot{x} \cdots x^{(n-1)}, t) + w(t) + bu \\ y = x \end{cases} \quad (3-42)$$

式中，$w(t)$ 为系统未知扰动，$f(x, \dot{x} \cdots x^{(n-1)}, t)$ 为未知函数，u 为控制量，$x, \dot{x} \cdots x^{(n-1)}$ 为状态变量。

令 $x_1(t) = x(t)$，$x_2(t) = \dot{x}(t)$，$\cdots$，$x_n(t) = x^{(n-1)}(t)$，$x_{n+1}(t) = f(x, \dot{x} \cdots x^{(n-1)}, t) + w(t) = a(t)$，可得式(3-42)的等价方程为

$$\begin{cases} \dot{x}_1(t) = x_2(t) \\ \dot{x}_2(t) = x_3(t) \\ \qquad \vdots \\ \dot{x}_n(t) = x_{n+1}(t) + bu \\ \dot{x}_{n+1}(t) = \dot{a}(t) \\ y = x_1(t) \end{cases} \quad (3-43)$$

其中，$x_{n+1}(t)$ 为系统的扩张状态，则可以对状态 $x_{n+1}(t)$ 进行实时估计。对式(3-43)建立其扩张状态观测器，即

$$
\begin{cases}
e = z_1 - y \\
\dot{z}_1 = z_2 - \beta_1 e \\
\dot{z}_2 = z_3 - \beta_2 \mathrm{fal}(e, \alpha/2, d) \\
\qquad \vdots \\
\dot{z}_n = z_{n+1} - \beta_n \mathrm{fal}(e, \alpha/2^{n-1}, d) + bu \\
\dot{z}_{n+1} = -\beta_{n+1} \mathrm{fal}(e, \alpha/2^n, d)
\end{cases}
\tag{3-44}
$$

式中，$z_1, z_2, \cdots, z_n$ 为原系统各个状态的估计值；z_{n+1} 为系统的扩张状态，即未知函数的估计值；$\mathrm{fal}(\cdot)$ 是非光滑函数，即

$$
\mathrm{fal}(e \cdot \alpha \cdot d) =
\begin{cases}
|e|^\alpha \mathrm{sign}(e), & |e| > d \\
e/d^{1-\alpha}, & |e| \leqslant d
\end{cases}
\tag{3-45}
$$

式中，$0 < \alpha \leqslant 1$，d 与采样步长有关。

由式(3-45)可知，只要选取适当的观测器参数 $\beta_r, r \in n+1$，由系统的输入和输出即可实现对系统状态的估计，扩张状态观测器如图 3-25 所示。

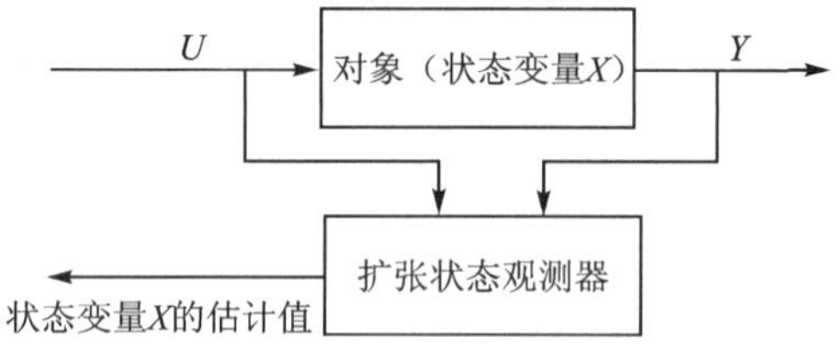

2. 不平衡功率估测器构建

图 3-25　扩张状态观测器

定义系统角频率为其惯量中心(Center of Inertia，COI)的等值角速度，即

$$
\omega_{\mathrm{COI}} = \frac{1}{M_{JT}} \sum_{i=1}^{n} M_{Ji} \omega_i, \quad i = 1, 2, \cdots, n
\tag{3-46}
$$

式中，$M_{JT} = \sum\limits_{i=1}^{n} M_{Ji}$，$M_{Ji}$ 为第 i 台发电机的惯性时间常数。而系统惯性中心角频率与系统惯性中心频率的关系为 $\omega_{\mathrm{COI}} = 2\pi f_{\mathrm{COI}}$。

发电机频率变化率与功率变化量有如下关系：

$$
\dot{f} = \frac{f_0}{M_{JT}}(P_m - P_e) = \frac{f_0}{M_{JT}} \Delta P
\tag{3-47}
$$

式中，$\dot{f}$ 为惯性中心机组频率变化率；P_m 为等效机组的机械功率；P_e 为等效机组的电磁功率；f_0 为系统稳态频率 50 Hz；ΔP 为区域内功率不平衡量。

式(3-47)中，将 $\dfrac{f_0}{M_{JT}} \Delta P$ 看作是系统的扰动量，记为 $w(t)$，则可以写成

$$
\dot{f} = w(t)
\tag{3-48}
$$

式(3-48)表示 0 输入系统，即控制量 u 为 0，写成状态方程形式为

$$
\begin{cases}
\dot{x}_1(t) = x_2(t) \\
\dot{x}_2(t) = \dot{a}(t) \\
y = x_1(t)
\end{cases}
\tag{3-49}
$$

式中，$x_1(t) = f$，$x_2(t) = a(t) = \dfrac{f_0}{M_{JT}} \Delta P$。根据 ESO 原理，可写成扩张状态观测器的形式，即

$$\begin{cases} e = z_1 - y \\ \dot{z}_1 = z_2 - \beta_1 e \\ \dot{z}_2 = -\beta_2 \mathrm{fal}(e, \alpha/2, d) \end{cases} \tag{3-50}$$

式中,z_1 为 f 的估计值;z_2 为系统的扩张状态,即 $\dfrac{f_0}{M_{JT}}\Delta P$ 的估计值。因此,通过建立系统的扩张状态观测器,最终可以实现对不平衡量 ΔP 的实时估计,记为 $\Delta\hat{P}$:

$$\Delta\hat{P} = \frac{-z_2 \times M_{JT}}{f_0} \tag{3-51}$$

$\Delta\hat{P}$ 称为伪控制量,是因为实际在进行功率支援时,由于受到功率支援限制因素的影响,功率支援量并不一定等于 $\Delta\hat{P}$。

3.2.3　紧急功率支援限制因素

对于设计好的功率支援提升量,直流系统能否按照功率提升指令达到设计的功率提升要求,这主要依赖于两个方面的限制因素:一方面是交流系统母线电压水平,其本质上是由于 HVDC 在提升有功功率的时候需要消耗大量的无功功率,这将导致交流系统无功功率不足,导致母线电压跌落,使直流系统无法有效提升功率支援量,该限制因素与交流系统强度具有直接的关系;另一方面是直流系统本身的输电能力,高压直流输电系统一般均具有 1.1 倍的长期过载能力和 3 s 的 1.5 倍短时过载能力,除过载运行外,直流输电系统还有最小功率限制,这是由直流系统具有最小的电流限制因素决定的,当电流低于限值时,将导致直流电流断流现象。

对于交流系统母线电压水平限制,本书通过定义电压敏感因子指标(voltage sensitive factor,VSF)来评估交流系统母线电压水平对功率提升量的限制。具体定义为

$$F_{\mathrm{VSF}} = \frac{\Delta U}{U_N} \tag{3-52}$$

式中,ΔU 为单位直流功率提升量导致的交流母线电压跌落量;U_N 为交流系统母线电压额定值。则

$$k\Delta\hat{P} \cdot F_{\mathrm{VSF}} = \frac{k\Delta\hat{P} \cdot \Delta U}{U_N} \tag{3-53}$$

若 $k\Delta\hat{P} \cdot F_{\mathrm{VSF}}$ 的值在电压允许的波动范围内时,此时 k 取值为 1,功率提升量等于观测器估计出的不平衡功率;反之,则按照电压允许波动的最大值计算此时的 k 值。对于直流系统输电能力的限制可以通过限幅环节来实现。

3.2.4　阶梯式递增原则进行功率支援

将 $\Delta P_m = k\Delta\hat{P}$ 代入式(3-40)中得

$$\dot{\omega}_{SA} = \frac{1}{M_S}\sum_{i\in S}[(P_{mi} + k\Delta\hat{P}) - P_{ei}] - \frac{1}{M_A}\sum_{j\in A}[(P_{mj} - k\Delta\hat{P}) - P_{ej}] \tag{3-54}$$

式中,$\dot{\omega}_{SA}$ 即为功角振荡加速度。显然地,通过功率不平衡量估计,并通过直流功率提升指令

达到系统功率支援量后,系统重新进入平衡状态,$\dot{\omega}_{SA}$ 将变为 0。在实际功率支援时,一般不会一次就将系统功率提升到 $k\Delta\hat{P}$,这样操作对系统的冲击比较大。在进行直流紧急功率支援的时候,尽量保证电力系统由暂态状态平稳地过渡到稳定平衡运行状态。本节基于阶梯递增原则以实现不平衡功率的支援,功率阶梯递增原则示意图如图 3-26 所示。

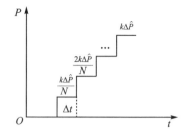

图 3-26　功率阶梯递增原则

在图 3-26 中,阶梯递增值 N 受到交流系统强度的影响,交流系统强,N 值可以适当减小,反之,则适当增大 N 值。根据以往研究,N 值取值 4~8 较为合适。另外,功率提升速率对电网也具有较大影响。因此,本节将对比分析三种阶梯递增功率支援方案,即等幅值阶梯递增、减幅值阶梯递增以及增幅值阶梯递增。

等幅值阶梯递增方案为每次提升不平衡功率的 25%;减幅值阶梯递增方案为第一个阶梯提升总不平衡功率的 40%,后面依次是 30%,20%,10%;增幅值阶梯递增方案为第一个阶梯提升总不平衡功率的 10%,后面依次是 20%,30%,40%。三种阶梯递增功率支援方案都是分四步提升。

由此得到功率支援的控制结构如图 3-27 所示,图中 f 是受端交流系统等值惯性中心的频率。

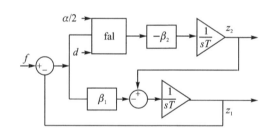

(a) 扩张状态观测器控制结构

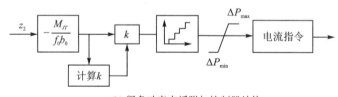

(b) 紧急功率支援附加控制器结构

图 3-27　功率支援控制结构

3.2.5　仿真分析

在 PSCAD 中搭建四机两区域交直流并联输电系统仿真模型,系统结构如图 3-28 所示。区域 1 和区域 2 各有两台同步发电机,稳态运行时,两条交流线路的单回传输功率相等,各为 103 MW,直流传输的有功功率为 198 MW,整流端负荷为 323 MW,逆变端负荷为 648 MW。控制方式为整流侧定电流控制,逆变侧定电压控制。

首先,对二阶扩张状态观测器的参数进行整定,根据参数整定分离性原则,结合经验参数,最后观测器参数整定为 $\alpha/2$ 为 0.5，d 为 0.05，β_1 为 20，β_2 为 50。系统稳态时，对观测器性能进行测试，测试结果如图 3 - 28 和图 3 - 29 所示。

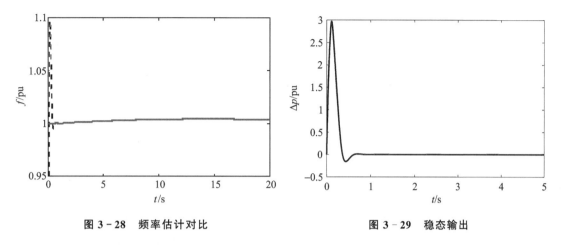

图 3 - 28　频率估计对比　　　　　　　　　　图 3 - 29　稳态输出

　　从仿真结果上可以看出，通过合适的参数整定，观测器能够实现对系统状态量 f 的快速准确跟踪，并且稳态时系统输出是 0，证明该观测器设计及参数整定是合理的，且性能良好。

　　下面分两种情况对本节所提方法进行验证。在进行阶梯递增的紧急功率支援时，阶梯递增的时间间隔分别设置为 Δt 为 0.1 s 和 0.3 s。

　　情况 1：逆变侧母线处馈线支路在 2 s 时由于故障被切除，导致失去负荷 648 MW，0.5 s 后恢复对负荷供电。以逆变侧发电机 3 的功角作为观测对象，仿真结果如图 3 - 30～图 3 - 33 所示。

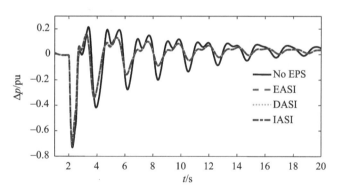

图 3 - 30　系统不平衡功率变化曲线

　　图 3 - 30 所示为当阶梯递增的时间间隔为 0.1 s 时，不平衡观测器估计出的系统实时不平衡量，从图中可以看出，采用紧急功率支援后，系统不平衡功率能够相对快速地实现系统功率平衡。在该种情况下，三种阶梯递增功率支援方案对稳定系统不平衡功率的能力几乎是相同的。

　　图 3 - 31 所示为当阶梯递增的时间间隔为 0.1 s 时，发电机 3 功角曲线的变化，由图中可以看出，采用紧急功率支援后，系统功角能够快速实现平稳过渡到稳定状态。同样，在该种情况下，三种阶梯递增功率支援效果几乎相同。

　　图 3 - 32 所示为当阶梯递增的时间间隔为 0.3 s 时，发电机 3 功角曲线的变化，随着阶梯

递增时间间隔的增加,三种功率支援方案产生的效果发生了变化,由图中可以看出,EASI 和 DASI 的效果差别不大,但两者都要优于 IASI。

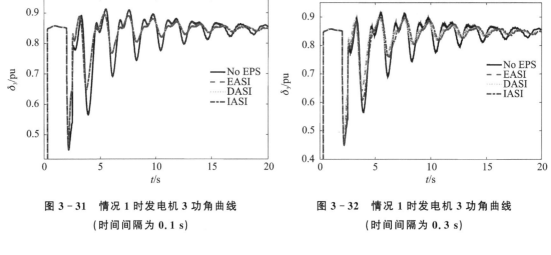

图 3-31　情况 1 时发电机 3 功角曲线
（时间间隔为 0.1 s）

图 3-32　情况 1 时发电机 3 功角曲线
（时间间隔为 0.3 s）

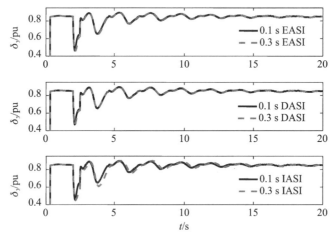

图 3-33　情况 1 时不同时间间隔的发电机 3 功角

由图 3-33 可以看出,EASI 和 DASI 阶梯递增功率支援方案在时间间隔为 0.1 s 和 0.3 s 时,效果无明显变化,而 IASI 在时间间隔为 0.1 s 时要略好于 0.3 s。

情况 2:并联输电的两条交流输电线路由于 2 s 时发生故障,导致两侧断路器跳闸,3 s 时故障清除,重合闸成功。以整流侧发电机 1 和逆变侧发电机 3 的功角差作为观测对象,仿真结果如图 3-34、图 3-35 以及图 3-36 所示。

图 3-34 所示为时间间隔为 0.1 s 时,G_1 和 G_3 功角差变化曲线,在该种情况下,三种阶梯递增功率支援方案同样没有明显差别。

图 3-35 所示为时间间隔为 0.3 s 时,G_1 和 G_3 功角差变化曲线,在该种情况下,EASI 和 DASI 的效果差别不大,但 IASI 在该种情况下,要略微好于前两者。

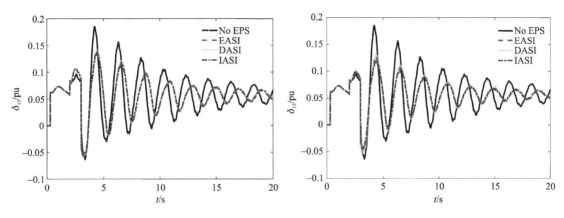

图 3 - 34 情况 2 时发电机 1 和 3 功角差   **图 3 - 35** 情况 2 时发电机 1 和 3 功角差曲线

（时间间隔为 0.1 s）   （时间间隔为 0.3 s）

由图 3 - 36 可以看出，在该种情况下，三种功率支援方案受阶梯递增的时间间隔影响不大。

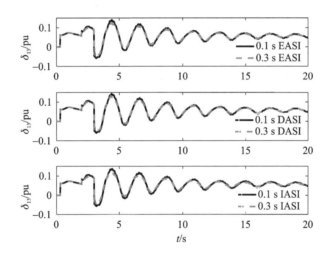

图 3 - 36 情况 2 时发电机 1 和 3 功角差

通过对比情况 1 和情况 2 可以发现，情况 1 时，系统受到扰动后，导致系统内不平衡功率初始值为 648 MW，而情况 2 即使两条交流联络线断开，其造成的系统不平衡功率量的初始值为两条交流线路正常传输功率之和为 206 MW。情况 1 时，采用 EASI 和 DASI 要好于 IASI；情况 2 时，采用 IASI 要好于 EASI 和 DASI。由此得出，阶梯递增功率支援要根据系统总不平衡量功率的大小来选择三种功率支援方案，当系统不平衡功率较大时，选择 EASI 或 DASI，反之则选择 IASI。

3.3 多馈入直流辅助功率/频率组合控制器协调优化

高压直流输电能够实现电能远距离大容量传输,是大电网互联的重要手段。对于交直流互联电网,利用直流过载能力和快速调节特性,实现电网扰动后的紧急控制,能够显著提高互联电网的暂态稳定性。根据不同的紧急控制目的,直流附加控制可以分为:① 紧急功率支援;② 辅助频率控制;③ 附加阻尼控制。虽然紧急控制的目的不同,但本质上都是通过改变直流传输功率来实现的。

正常运行的交直流互联电网在受到扰动时,将引起系统功率不平衡,根据扰动发生的位置,将扰动分为两种类型:① 区域内扰动,由于区域内短路故障、负荷启停或发电机故障等原因造成的。对于该类型功率扰动,由于直流系统的隔离作用,仅扰动区域内的发电机转子和电网频率发生变化,对另一端正常电网几乎无影响;② 联络线故障,该类型功率扰动将同时导致送/受端电网功率不平衡,即导致送端电网功率暂时过剩,受端电网功率暂时不足,造成送端电网频率升高、发电机转子加速,受端电网频率降低、发电机转子减速。

对于上述两种功率不平衡类型,本节分别设计了辅助功率和辅助频率控制器以及两者切换控制策略,并以多馈入有效短路比比例系数和多馈入功率支援因子比例系数对多回直流辅助紧急功率/频率控制器进行协调优化。最后在 PSCAD 仿真平台搭建了多馈入直流输电系统,以馈入点电网的母线电压、频率以及发电机功角为控制目标,对所提方法进行了仿真验证,结果表明了所提方法的合理性。

3.3.1 多回直流功率分摊策略

对于多馈入直流输电系统,理论上在系统故障期间,每条直流都可以通过改变自身传输的功率来调节系统功率分布,起到维持电网稳定的目的,但是不同直流的功率调制效果具有一定的差异。以往研究几乎都是采用多馈入功率支援因子来选择最优的一回直流实现功率支援,这种紧急功率支援策略可以实现控制代价最小化,但是大规模潮流单向转移,势必会对电网造成冲击,甚至可能引起部分断面功率越限,引起潜在的危害。另外,上述选取最优直流的方法仅针对联络线故障,并不适用区域内扰动情况。因此,本节针对上述两种功率扰动,分别采用多馈入有效短路比比例系数和多馈入功率支援因子比例系数实现多回直流的紧急功率/频率协调优化控制。

多馈入有效短路比(multi-infeed effective short circuit ratio,MESCR)指标是用于衡量直流系统和交流系统的相互作用,具体定义为

$$K_{\mathrm{MESCR}i} = \frac{S_{aci} - Q_{CNi}}{P_{dNi} + \sum\limits_{j,j \neq i}(F_{\mathrm{MIIF},ji} \times P_{dNj})} \tag{3-55}$$

式中,S_{aci} 为换流站 i 换流母线处三相短路容量;Q_{CNi} 为换流站交流母线处滤波器和并联电容器提供的无功功率;P_{dNi}、P_{dNj} 分别为直流系统 i 和 j 的额定容量。

对于交流电网区域内扰动,采用多馈入有效短路比例系数实现多回直流的功率协调分配,设功率调制总量为 ΔP_S,则每回直流的提升量为

$$\Delta P_{SKi} = \frac{K_{\text{MESCR}i}}{\sum\limits_{i=1}^{N} K_{\text{MESCR}i}} \Delta P_S = r_{Ki} \cdot \Delta P_S \qquad (3-56)$$

式中,N 表示直流总回数;r_{Ki} 表示第 i 回直流提升的功率占总提升的功率比值。

对于联络线故障,采用多馈入功率支援因子比例系数实现多回直流功率紧急提升协调分配。多馈入功率支援因子定义为多馈入相互作用因子(multi-infeed interaction factor,MIIF)和多馈入有效短路比(multi-infeed effective short circuit ratio,MESCR)的乘积。MIIF 是用于衡量多回直流并联输电时,直流系统与直流系统之间的电气耦合程度,值越大代表两者之间的联系越紧密,定义为

$$F_{\text{MIIF},ji} = \frac{\Delta U_j}{\Delta U_i} \qquad (3-57)$$

式中,ΔU_i 为某一在额定功率下运行的直流系统,在其换流站换流母线上投切一个并联无功功率支路,造成该换流母线电压的变化量(以百分数表示,通常为 1%);ΔU_j 表示待观察的直流换流站母线的电压变化量。

多馈入功率支援因子表达式为

$$\lambda_{j,i} = F_{\text{MIIF},ji} \times K_{\text{MESCR}i} \qquad (3-58)$$

式中,$\lambda_{j,i}$ 表示直流系统 i 对直流通道 j 的支援效果。对于联络线故障,同样设功率调制总量为 ΔP_S,则每回直流的提升量为

$$\Delta P_{S\lambda i} = \frac{\lambda_{j,i}}{\sum\limits_{i=1}^{N} \lambda_{j,i}} \Delta P_S = r_{\lambda i} \cdot \Delta P_S \qquad (3-59)$$

式中,N 表示直流总回数;$r_{\lambda i}$ 表示第 i 回直流提升的功率占总提升的功率比值。

3.3.2　辅助功率/频率组合控制器设计

对于交直流并联输电系统,进行直流辅助控制器设计需要满足以下三方面要求:①当交流线路或直流系统发生故障后,与之并联的直流输电系统利用其过载能力平稳地将交流线路的功率转移至本线路;②直流系统两侧交流系统扰动导致频率不稳定时,HVDC 应能根据频率的变化调节功率输出,维持系统频率稳定;③系统故障切除后应按照额定功率水平运行。

为满足上述要求,充分利用直流的功率调制作用,选择合适的交直流状态变量,实现紧急功率转移控制和辅助频率控制。

本节中紧急功率控制采用有功功率大方式调制(active power modulation,APM),原理结构如图 3-37 所示。$s/(1+T_{Pd}s)$ 为微分环节,该环节的作用是提取信号的变化趋势,以达到较好的动态控制效果;$s/(1+T_{Pw}s)$ 和 $s/(s+\varepsilon_P)$ 的组合是由低通滤波和高通滤波组合的带通滤波器;$(s^2+sA+B)/(s^2+sC+D)$ 为陷波滤波器;K_p 为功率调制增益;$P_{\text{mod,min}}$ 和 $P_{\text{mod,max}}$ 分别为直流功率调制量的下限和上限。

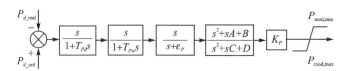

图 3－37　有功功率大方式调制

辅助频率控制采用双侧频差调制（dual frequency difference modulation，DFDM），其由测量环节、隔直环节、放大环节及限幅环节组成，其原理结构如图 3－38 所示。

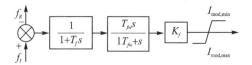

图 3－38　双侧频差调制

图 3－38 中，f_R、f_I 分别为整流侧和逆变侧的交流母线频率；T_f 和 T_{fw} 分别为测量时间常数和隔直滤波时间常数；K_f 为频率调制增益；$I_{\text{mod,min}}$ 和 $I_{\text{mod,max}}$ 分别为直流频率调制量的下限和上限。

由 APM 和 DFDM 组合形成的控制器结构如图 3－39 所示。

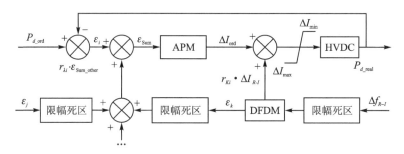

图 3－39　辅助紧急组合控制结构图

图 3－39 中，ε_{Sum} 表示所有直流联络线功率误差之和；$\varepsilon_{\text{Sum\_other}}$ 表示除本直流外其他直流联络线功率误差之和。每个 HVDC 直流功率误差前均加入限幅死区环节，确保联络线发生故障时才起作用，避免直流系统在轻微扰动下导致本条直流不必要的功率波动。DFDM 设置限幅死区的作用同样是为了避免系统轻微扰动导致的 DFDM 不必要的频繁动作。

3.3.3　辅助功率/频率组合控制器协调优化

1. 交流母线电压水平限制

对于设计好的功率支援提升量，直流系统能否按照功率提升指令达到设计的功率提升要求，这主要依赖于交流系统母线电压水平，其本质上是由于 HVDC 在提升有功功率的时候需要消耗大量的无功功率，这将导致交流系统无功功率不足，母线电压跌落，从而导致直流系统无法完成功率提升要求，该限制因素与交流系统强度有直接的关系。

对于交流系统母线电压水平限制，本节通过定义电压敏感因子指标（voltage sensitive

factor,VSF)来评估交流系统母线电压水平对功率提升量的限制。具体定义为

$$F_{\text{VSF}} = \frac{\Delta U}{U_N} \qquad (3-60)$$

式中,ΔU 为单位直流功率提升量导致的交流母线电压跌落量;U_N 为交流系统母线电压额定值。F_{VSF} 可以在系统中通过小扰动方式得到。因此,当提升功率为 ΔP 时,交流系统母线电压跌落为

$$\Delta U_{\text{Total}} = \frac{\Delta P \cdot F_{\text{VSF}}}{U_N} \qquad (3-61)$$

因此实际系统功率提升量 ΔP_{Ai} 的约束条件可以表示为

$$\begin{cases} \Delta P_{Ai} = \dfrac{\Delta U_{\text{Total}} \cdot F_{\text{VSF}}}{U_N}, & |\Delta U_{\text{Total}}| < \Delta U_{\max} \\[3mm] \Delta P_{Ai} = \dfrac{\Delta U_{\max} \cdot F_{\text{VSF}}}{U_N}, & |\Delta U_{\text{Total}}| \geqslant \Delta U_{\max} \end{cases} \qquad (3-62)$$

式中,$\Delta U_{\max}$ 为电压波动的最大范围。

2. 直流系统功率支援裕度

另一个限制功率提升的因素是直流系统本身的输电能力,高压直流输电系统一般具有 1.1 倍的长期过载能力和 3 s 的 1.5 倍短时过载能力。约束条件可以表示为

$$\begin{cases} \Delta P_{Bi} = 1.1 \cdot P_N - P_{\text{Actual}}, & \Delta t \geqslant 3 \text{ s} \\ \Delta P_{Bi} = 1.5 \cdot P_N - P_{\text{Actual}}, & \Delta t < 3 \text{ s} \end{cases} \qquad (3-63)$$

式中,P_{Actual} 为直流系统正常运行时传输的功率;P_N 为直流系统的额定功率;ΔP_{Bi} 为功率裕度;Δt 为功率提升时间。

考虑母线电压水平限制和直流功率支援裕度的影响,每条直流在紧急功率提升时的最大值为

$$\Delta P_{i\_\max} = \min(\Delta P_{Ai}, \Delta P_{Bi}) \qquad (3-64)$$

3. 考虑限制因素的紧急功率提升再分配策略

按照前面的分析,当区域内有扰动时,每回直流功率调制量为 ΔP_{SKi};当直流联络线故障时,每回直流功率调制量为 $\Delta P_{S\lambda i}$。因此,若考虑母线电压水平限制和直流功率支援裕度限制,则需要比较 ΔP_{SKi},$\Delta P_{S\lambda i}$ 和 $\Delta P_{i\_\max}$ 的大小关系。若调制量 ΔP_{SKi} 和 $\Delta P_{S\lambda i}$ 均小于 $\Delta P_{i\_\max}$,则每回直流均按照 ΔP_{SKi} 或者 $\Delta P_{S\lambda i}$ 进行功率调制;若调制量 ΔP_{SKi} 和 $\Delta P_{S\lambda i}$ 均大于 $\Delta P_{i\_\max}$,则分别按照多馈入有效短路比和多馈入功率支援因子大小关系对每回直流进行排序,超出功率限制的功率调制量($\Delta P_{SKi} - \Delta P_{i\_\max}$ 和 $\Delta P_{S\lambda i} - \Delta P_{i\_\max}$)由相邻的其他直流进行承担,依次类推。

3.3.4 辅助紧急组合控制器控制策略

为了实现潮流分布的合理化,采用多回直流协调控制实现功率优化分配。对于多馈入直流输电系统,当其中一条直流输电系统因故障退出运行后,其他直流系统的 APM 和 DFDM 控制模块同时启动,进行紧急功率提升,将原故障的直流线路功率转移至正常运行的直流线路

中,以实现整个互联系统稳定的目的;当故障直流恢复运行时,APM 控制模块退出,仅由 DFDM 起作用,直至系统频率波动低于限幅死区后,DFDM 模块最终退出运行;当送端或受端电网由于发电机故障或投切负荷造成扰动,APM 控制模块被屏蔽,仅采用 DFDM 模块进行调制,实现送端和受端电网频率稳定。详细控制逻辑流程如图 3 - 40 所示。

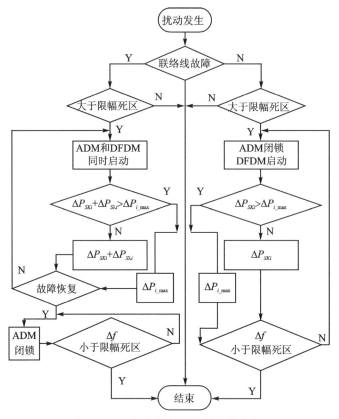

图 3 - 40　组合控制器控制逻辑流程

3.3.5　仿真分析

为验证本节所提方法的有效性,以三馈入直流输电系统为例,如图 3 - 5 所示。

组合控制器参数设置主要根据工程经验法进行参数整定。APM 的主要作用是实现故障线路潮流转移控制,需考虑大规模潮流转移对送端和受端电网造成的冲击,因此不能一味追求太快;而 DFDM 的主要作用是针对单端电网功率不平衡进行控制,因此其控制过程可以适当地快于 APM。经过反复调试,最终整定的控制器参数如表 3 - 4 所列。

表 3 - 4　辅助组合控制器参数

ADM 参数	T_{Pd}	T_{Pw}	ε_P	$A=B=C=D$	K_P
取值	0.1	0.1	0.1	1	1
DFDM 参数	T_f	T_{fw}	K_f		
取值	0.03	0.1	40		

对于如图 3 - 5 所示的三馈入直流输电系统,首先计算多馈入相互作用因子,因子表如

表 3-5 所列。

表 3-5　多馈入相互作用因子矩阵

1%变化换流站	待考察换流站		
	HVDC1	HVDC2	HVDC3
HVDC1	1	0.831	0.793
HVDC2	0.975	1	0.911
HVDC3	0.816	0.793	1

多馈入有效短路比计算结果为：HVDC1 为 3.56，HVDC2 为 3.78，HVDC3 为 4.67。最后计算得到多馈入功率支援因子如表 3-6 所列。

表 3-6　直流功率支援因子

支援直流	被支援直流		
	HVDC1	HVDC2	HVDC3
HVDC1	—	3.14	3.7
HVDC2	3.47	—	4.25
HVDC3	2.90	3.70	—

由表 3-6 可以看出，若 HVDC1 故障退出运行，则采用 HVDC2 进行功率支援的效果要好于 HVDC3；若 HVDC2 故障退出运行，则采用 HVDC3 进行功率支援的效果要优于 HVDC1 直流；若 HVDC3 故障退出运行，则采用 HVDC2 进行功率支援的效果要优于 HVDC1。

下面模拟 2 种常见的故障进行仿真分析。

（1）联络线故障

HVDC1 在 3 s 时因故障退出运行，5 s 时故障清除恢复运行。分别仿真得到母线 6、7 和 8 频率变化曲线如图 3-41、图 3-42 和图 3-43 所示，母线 6、7 和 8 电压变化曲线如图 3-44、图 3-45 和图 3-46 所示，三台发电机功角变化曲线如图 3-47、图 3-48 和图 3-49 所示。图中 No 表示无直流调制，S-DC 表示单条直流调制，M-DC 表示多条直流联合调制，但仅 APM 起作用，M-DC-C 表示多条直流联合调制，故障期间 APM 和 DFDM 同时起作用，故障恢复后仅 DFDM 起作用。

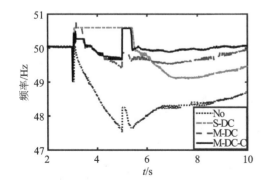

图 3-41　BUS6 频率变化曲线

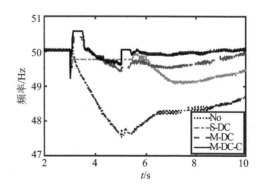

图 3-42　BUS7 频率变化曲线

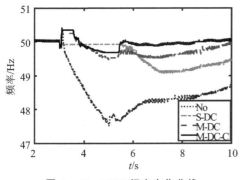

图 3－43 BUS8 频率变化曲线

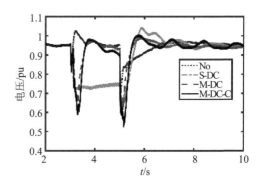

图 3－44 BUS6 电压变化曲线

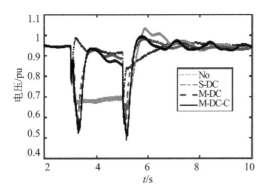

图 3－45 BUS7 电压变化曲线

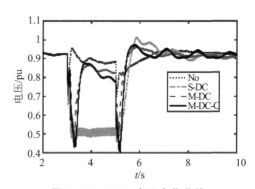

图 3－46 BUS8 电压变化曲线

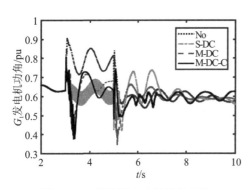

图 3－47 发电机 1 功角变化曲线

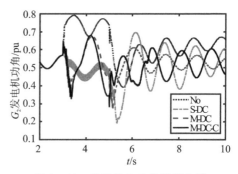

图 3－48 发电机 2 功角变化曲线

对比频率变化曲线可以看出，当 HVDC1 故障退出运行时，若未采用直流紧急控制，母线频率将跌至 47.5 Hz，造成电网频率失去稳定。当采用直流紧急控制时，无论是单条直流调制还是多条直流调制，都可以保持电网频率稳定。而从各母线频率变化曲线可以明显看出，采用多条直流调制，其调制效果要明显好于采用单条直流调制。多条直流辅助功率/频率组合控制是最优的，其优于多条直流辅助功

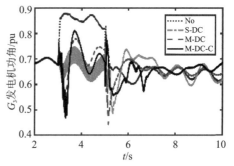

图 3－49 发电机 3 功角变化曲线

率控制的原因是组合控制中附加了频率调制信号,能够实时反映电网频率的变化,因此电网稳态时频率最接近 50 Hz,而仅采用辅助功率控制时,电网稳态时,存在较小的频率调节误差。

由母线电压变化曲线可以看出,单条直流调制时,故障期间母线电压水平很低,造成电压失稳,而多条直流调制时,母线电压要略微低于无直流调制时电压水平,这是由于增加直流有功功率时,直流消耗的无功功率增加的原因。而 M‐DC 和 M‐DC‐C 控制相比,电压水平无明显差别。

由功角变化曲线同样可以看出,多条直流组合控制的效果是最优的。

综上,通过母线频率变化、母线电压变化以及发电机功角变化可以看出,对于联络线故障,采用多条直流组合控制的效果是最优的,证明了本节所提方法的有效性。下面针对区域内故障,对所提方法做进一步验证。

（2）区域内故障

3 s 时母线 1 处一馈线支路因故障被切除,失去 862 MW 负荷。同样,分别仿真得到母线6、7 和 8 频率变化曲线如图 3‐50、图 3‐51 和图 3‐52 所示,母线 6、7 和 8 电压变化曲线如图 3‐53、图 3‐54 和图 3‐55 所示,三台发电机功角变化曲线如图 3‐56、图 3‐57 和图 3‐58所示。图中 No、S‐DC 以及 M‐DC 与上述相同,由于是区内故障,因此仅 DFDM 控制器被投入。

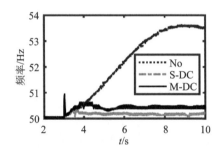

图 3‐50　BUS6 频率变化曲线

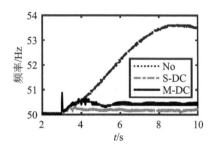

图 3‐51　BUS7 频率变化曲线

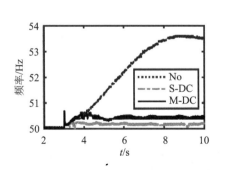

图 3‐52　BUS8 频率变化曲线

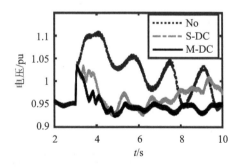

图 3‐53　BUS6 电压变化曲线

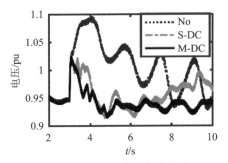

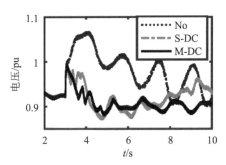

图 3 - 54　BUS7 电压变化曲线　　　　　　图 3 - 55　BUS8 电压变化曲线

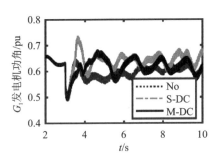

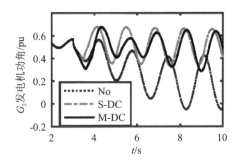

图 3 - 56　发电机 1 功角变化曲线　　　　　图 3 - 57　发电机 2 功角变化曲线

对比频率变化曲线可以看出,对于区内馈线故障,失去大量负荷后,若无直流紧急控制,则电网频率将升高至 53.5 Hz,使电网频率失去稳定,采用多直流调制时,电网稳定,频率误差要略微高于单直流调制,但都在稳定的频率范围内。

由母线电压变化曲线可以看出,采用多条直流调制母线要优于采用单直流调制,侧面也说明,采用多直流调制时电网潮流分布更为合理。

由功角变化曲线可以看出,采用直流调制可

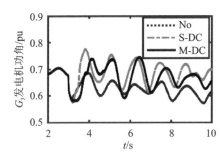

图 3 - 58　发电机 3 功角变化曲线

以使发电机功角保持稳定,尤其对于发电机 2,若无直流调制,则发电机 2 功角持续震荡下降,将会造成功角失去稳定。而单直流和多直流调制时,功角变化没有明显差别。

综上,通过母线频率变化、母线电压变化以及发电机功角变化可以看出,对于区域内故障,多条直流调制能够使潮流分布更为合理,各母线电压水平较高,因此,综合控制效果也是最优的,从而证明了本节所提方法的有效性。

3.4　考虑送端电网电气联系影响时多条直流紧急功率协调支援策略

尽管对直流紧急功率支援的研究报道已经比较多,但是通过概述以往的研究成果,可以发现以往对紧急功率支援的研究仅考虑受端电网电气联系情况,几乎没有考虑送端电网电气联系情况,也就是说以往的研究都是在默认送端是强联系的情况下所做的。对于送端电网强联系的情况,当送端电网和受端电网之间某条直流联络线闭锁故障后,由于送端电网之间具有强联系,因此送端电网中各个区域电网之间的不平衡功率可以实现快速转移,并通过其他正常运行的直流再进行送出,从而实现送端电网和受端电网功率平衡。

而事实上送端电网并非都是强联系的情况,文献[45]、[46]指出现有 MIDC 系统具有逆变站落点集中、整流站落点分散的特点,整流站间距离远限制了多回直流系统之间功率相互支援作用的发挥,控制效果改善不明显。可见,送端电网电气联系情况是制约紧急功率支援非常重要的因素。并且现有电网由于发电厂相对分散,负荷相对集中,因此送端电网往往都是非强联系情况居多,针对这种情况,非常有必要研究考虑送端电网影响时直流紧急功率支援策略。

本节首先分析了送端电网电气联系,在传统功率支援因子定义基础上,考虑直流送端电网电气联系对功率支援效果的影响时,定义了新的功率支援因子,并基于该新功率支援因子,研究了当其中某条直流发生故障时,其他直流功率协调分摊策略。最后在 PSCAD 仿真平台上搭建了送端电网和受端电网分别含有三台机组的三直流输电系统,对所提出的新功率支援因子和基于新功率支援因子的多条直流紧急功率协调支援策略进行了仿真验证,结果表明了所提方法的正确性。

3.4.1　送端电网电气联系分析

由于电网负荷相对集中,而电源分布相对分散,因此导致逆变站落点集中、整流站落点分散。送端电网强电气联系和弱电气联系示意图如图 3-59 所示。

图 3-59 中,受端电网用一台等值发电机表示,送端电网每个小区域电网也同样用一台等

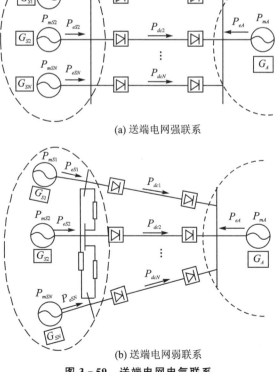

(a) 送端电网强联系

(b) 送端电网弱联系

图 3-59　送端电网电气联系

值发电机表示。图 3 - 59（a）中送端电网各个小区域电网直接相连,即连接阻抗近似为 0,因此是强联系;图 3 - 59（b）中,送端电网各个区域电网之间通过较长的输电线路相连,由于联系阻抗较大,因此是弱联系。需要说明的是,本节为了明确区分强联系和弱联系,因此采用如图 3 - 59 所示的示意图方法。图 3 - 59（b）中若送端电网各区域之间的联系阻抗很小,也同样是强电气联系。

3.4.2　送端电网电气联系对紧急功率支援的影响

对于多条直流并联输电系统,若其中某条直流因故障闭锁后,为了保持送端和受端电网功率平衡,则需要紧急提升正常运行的直流功率。送端电网各个区域电网的电气连接情况不同,因此,在制定紧急直流功率提升策略时具有较大差别。下面分情况具体讨论:

（1）送端电网各区域电网之间强电气联系

该种情况是以往研究中的默认情况,如图 3 - 59（a）所示,若其中某条直流发生闭锁故障后,其他直流则可以迅速提升自身的直流功率,维持送端电网和受端电网功率平衡,对于该种情况已有较为丰富的研究成果,在此不再赘述。

（2）送端电网各区域电网之间弱电气联系

送端电网弱电气联系如图 3 - 59（b）所示。若其中某条直流线路 j 发生闭锁后,送端小区域电网 j 的过剩功率首先要传输到与之相连的其他送端小区域电网,然后再通过其他正常运行的直流将区域电网 j 的过剩功率送出去,因此整流站间距离的远近将成为限制多回直流系统之间功率相互支援作用发挥的关键因素。

为了进一步说明送端电气联系对紧急功率支援的影响,在 PSCAD 中搭建了三直流输电系统,简化电网结构如图 3 - 60 所示。

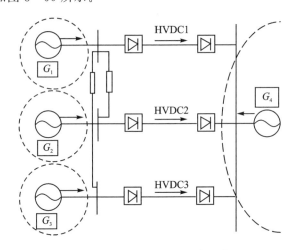

图 3 - 60　三直流并联输电系统

在图 3 - 60 所示系统中,通过送端电网 HVDC2、HVDC3 和 HVDC1 之间的不同连接阻抗,来模拟送端电网各个小区域电网之间不同的电气联系。对三馈入直流系统紧急功率支援进行仿真,分别设定 HVDC2 和 HVDC1 之间电气距离为 200 km,HVDC3 和 HVDC1 之间电气距离为 2 km,以受端发电机功角变化为观测目标,故障设置为 HVDC1 在 3 s 时闭锁,6 s 时故障清除重新启动,仿真结果如图 3 - 61 所示。

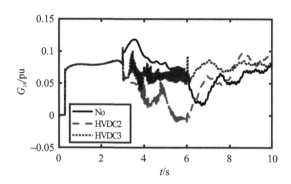

图 3 - 61　送端电网电气联系对紧急功率支援效果的影响

由图 3 - 61 可以明显看出,在受端电网相同时,送端电网不同的电气联系,紧急功率支援效果差别很大,电气联系越紧密则功率支援效果越好。

3.4.3　考虑送端电网电气联系时新功率支援因子定义

以往研究采用多馈入功率支援因子来选择最优的一回直流实现功率支援,以实现控制代价最小化。多馈入功率支援因子定义为多馈入有效短路比(multi-infeed effective short circuit ratio,MESCR)和多馈入相互作用因子(multi-infeed interaction factor,MIIF)的乘积,多馈入有效短路比定义见式(3 - 55),多馈入相互作用因子定义见式(3 - 57)。

以往 MIIF 是在受端电网(即逆变侧)处来衡量直流与直流之间的电气耦合程度,仿照以往 MIIF 的定义,进而可以定义送端电网(即整流侧)处直流与直流之间的电气耦合程度,其定义式与式(3 - 66)相同,所不同的是 ΔU_i 和 ΔU_j 分别是整流站换流母线电压的变化。为了便于区分,送端电网直流与直流之间的相互作用因子表示为 $F_{\mathrm{RMIIF},ji}$,受端电网直流与直流之间相互作用因子表示为 $F_{\mathrm{IMIIF},ji}$。$F_{\mathrm{RMIIF},ji}$ 的大小反映了送端电网之间的电气联系,值越大代表联系越紧密,反之则越不紧密,若值等于 0,表示送端电网之间不存在联系。因此,考虑送端电网电气联系时,新的功率支援因子定义为:

$$\lambda_{j,i} = F_{\mathrm{RMIIF},ji} \times K_{\mathrm{MESCR}i} \times F_{\mathrm{IMIIF},ji} \qquad (3 - 65)$$

式中,$\lambda_{j,i}$ 表示直流 i 对直流 j 的支援因子,因子越多,则支援效果越好。

3.4.4　考虑送端电网电气联系时紧急功率支援分摊策略

为了实现潮流分布合理化,避免在进行功率支援时单一方向大规模潮流转移引起电网断面功率越限的风险,本节采用新定义的功率支援因子比例系数实现多回直流功率紧急提升协调分配。设功率调制总量为 ΔP_S,则每回直流的提升量为

$$\Delta P_{S\lambda i} = \frac{\lambda_{j,i}}{\sum\limits_{i=1}^{N} \lambda_{j,i}} \Delta P_S = r_{\lambda i} \cdot \Delta P_S \qquad (3 - 66)$$

式中,N 表示直流总回数;$r_{\lambda i}$ 表示第 i 回直流提升的功率占总提升的功率比值。

$\Delta P_{S\lambda i}$ 并未考虑直流本身的功率支援裕度,直流功率支援裕度定义为

$$\begin{cases} \Delta P_{Ai} = 1.1 \cdot P_N - P_{\mathrm{Actual}}, \Delta t \geqslant 3 \text{ s} \\ \Delta P_{Ai} = 1.5 \cdot P_N - P_{\mathrm{Actual}}, \Delta t < 3 \text{ s} \end{cases} \qquad (3 - 67)$$

式中，P_{Actual} 为直流系统正常运行时传输的功率；P_N 为直流系统的额定功率；ΔP_{Ai} 是功率裕度；Δt 为功率提升时间。

结合 $\Delta P_{S\lambda i}$ 和 ΔP_{Ai} 的大小关系，实际中的功率支援具体策略为：若调制量 $\Delta P_{S\lambda i}$ 小于 ΔP_{Ai}，则每回直流均按照 $\Delta P_{S\lambda i}$ 进行功率调制；若调制量 $\Delta P_{S\lambda i}$ 大于 ΔP_{Ai}，则按照功率支援因子大小关系对每回直流进行排序，超出功率限制的功率调制量（即 $\Delta P_{S\lambda i} - \Delta P_{i\_\max}$）由相邻的其他直流进行承担，依次类推。

3.4.5　紧急功率支援控制器结构

有功功率大方式调制已经被证明具有很好的功率调制效果，因此采用有功功率大方式调制（active power modulation，APM）来实现紧急功率转移控制，原理结构如图 3 - 37 所示。

3.4.6　仿真分析

为验证所提方法的有效性，以三馈入直流输电系统为例，系统结构图如图 3 - 62 所示。在该系统中，送端和受端区域均有三台发电机，发电机模型均采用详细六阶模型且都包含励磁和调速系统，并且都未装电力系统稳定器。六台发电机额定容量都相等均为 900 MVA，G_1、G_2 和 G_3 三台发电机惯性时间常数均为 $H = 6.5$ s，G_4、G_5 和 G_6 三台发电机惯性时间常数均为 $H = 6.175$ s。三直流线路每回功率均为 $P_{dc} = 134$ MW，送端电网 HVDC1 和 HVDC2 之间距离为 50 km，HVDC1 和 HVDC3 之间距离为 100 km；受端电网 HVDC1 和 HVDC2 之间电气距离为 20 km，HVDC2 和 HVDC3 之间距离为 5 km。直流系统控制方式为整流侧定直流电流控制、逆变侧定关断角控制。

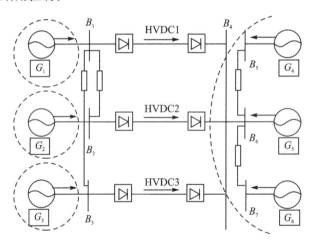

图 3 - 62　三直流六机输电系统

控制器参数设置主要根据工程经验法进行参数整定，参数如表 3 - 7 所列。

表 3 - 7　控制器参数

APM 参数	T_{Pd}	T_{Pw}	ε_P	$A = B = C = D$	K_P
取值	0.1	0.1	0.1	1	1

对于图 3 - 62 所示的三馈入直流输电系统，首先计算多馈入相互作用因子，送端电网多馈

入相互作用因子如表 3-8 所列,受端电网多馈入相互作用因子如表 3-9 所列。

表 3-8　送端电网多馈入相互作用因子矩阵

1%变化换流站	待考察换流站		
	HVDC1	HVDC2	HVDC3
HVDC1	1	0.447 2	0.642 5
HVDC2	0.616 9	1	0.402 5
HVDC3	0.757 7	0.343 5	1

表 3-9　受端电网多馈入相互作用因子矩阵

1%变化换流站	待考察换流站		
	HVDC1	HVDC2	HVDC3
HVDC1	1	0.939 8	0.910 6
HVDC2	0.870 6	1	0.971 1
HVDC3	0.856 2	0.985 8	1

多馈入有效短路比计算结果为:HVDC1 为 14.95,HVDC2 为 17.80,HVDC3 为 16.54。最后计算得到传统的多馈入功率支援因子和新定义的功率支援因子如表 3-10 和表 3-11 所列。

表 3-10　传统直流功率支援因子

支援直流	被支援直流		
	HVDC1	HVDC2	HVDC3
HVDC1	—	14.05	13.61
HVDC2	15.50	—	17.29
HVDC3	14.16	16.31	—

表 3-11　新直流功率支援因子

支援直流	被支援直流		
	HVDC1	HVDC2	HVDC3
HVDC1	—	6.28	8.74
HVDC2	9.56	—	6.96
HVDC3	10.73	5.60	—

对比表 3-10 和表 3-11,当 HVDC1 故障时,若不考虑送端电网电气影响,在传统功率支援因子定义下,HVDC2 的功率支援因子大于 HVDC3,即 HVDC2 的功率支援效果要好于 HVDC3;若考虑送端电气影响,则新的功率支援因子 HVDC3 要大于 HVDC2,则表明 HVDC3 的功率支援效果要好于 HVDC2。对于其他直流故障,与上述情况类似。下面对本节所提方法进行仿真验证。

（1）新功率支援因子定义正确性验证

首先验证考虑送端电气联系影响时新功率支援因子的正确性。

设定 HVDC1 在 3 s 时发生闭锁退出运行，6 s 时故障清除重新启动。分两种情况对紧急功率支援效果进行仿真分析。

① 设定送端电网各直流之间直接相连（即送端电网之间的连接阻抗为 0），这样设定后送端电网各条直流之间的相互作用因子都为 1，这样设定的目的是验证不考虑送端电气影响时各条直流紧急功率支援效果，即传统功率因子定义下的紧急功率支援。

② 设定送端电网之间存在连接阻抗，送端电网 HVDC1 和 HVDC2 之间的电气距离设定为 100 km，HVDC1 和 HVDC3 之间的电气距离为 50 km。

需说明的是，两种情况下受端电网之间的连接情况不变。以送端电网和受端电网之间的发电机 1 和 4 的功角差 G_{14} 作为观测对象，仿真结果如图 3-63 所示。

根据表 3-10 数据，在不考虑送端电气联系影响时，当 HVDC1 发生故障时，HVDC3 的功率支援因子大于 HVDC2，所以 HVDC3 的支援效果要好于 HVDC2，由图 3-63(a) 仿真结果可

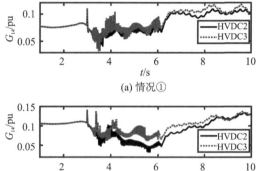

(a) 情况①

(b) 情况②

图 3-63　送端电网不同电气联系
影响时直流紧急功率效果

知，即不考虑送端电网电气联系时，选择传统的紧急功率支援是正确的。当受端电网不变时，改变送端电网之间的电气联系，即考虑送端电气联系时，根据表 3-11 数据，HVDC2 的功率支援效果要好于 HVDC3，由仿真结果图 3-63(b) 可得新功率支援因子的正确性。

综上分析可得，由于送端电网之间往往是分散的，送端电网之间的电气联系一般要弱于受端电网之间的电气联系，因此传统的仅考虑受端电网互相影响的功率支援因子存在片面性，所以在实际中考虑送端电气影响时的新功率支援因子更为合理。

（2）基于新功率支援因子多直流紧急功率支援协调控制验证

① 设定 HVDC1 在 2 s 时发生故障退出运行，5 s 时重新启动。分别仿真得到单条直流功率支援和多条直流协调功率支援时送端电网和受端电网发电机功角偏差、逆变侧母线电压变化如图 3-64 和图 3-65 所示。

图 3-64 和图 3-65 中，黑色实线表示仅通过新功率支援因子选择得到的最优直流 HVDC3 进行功率支援，黑色虚线表示基于新功率因子 HVDC2 和 HVDC3 协调分摊进行功率支援。

由图 3-64 发电机功角差曲线可以看出，HVDC2 和 HVDC3 联合进行功率支援时，发电机功角差在整个过渡期间变化较为平缓，整体效果要优于单条直流。由图 3-65 逆变侧母线电压曲线可以看出，HVDC2 和 HVDC3 联合进行功率支援时，母线电压水平较高，而单条直流紧急功率支援时，母线电压在故障支援初期会有较大的跌落。根据图 3-64 和图 3-65，可以得出多条直流联合功率支援的效果要优于单条直流功率支援的效果。

② 设定 HVDC3 在 2 s 时发生永久性闭锁故障。同样分别仿真得到单条直流功率支援和多条直流协调功率支援时送端电网和受端电网发电机功角差、逆变侧母线电压变化如

图 3 - 66 和图 3 - 67 所示。

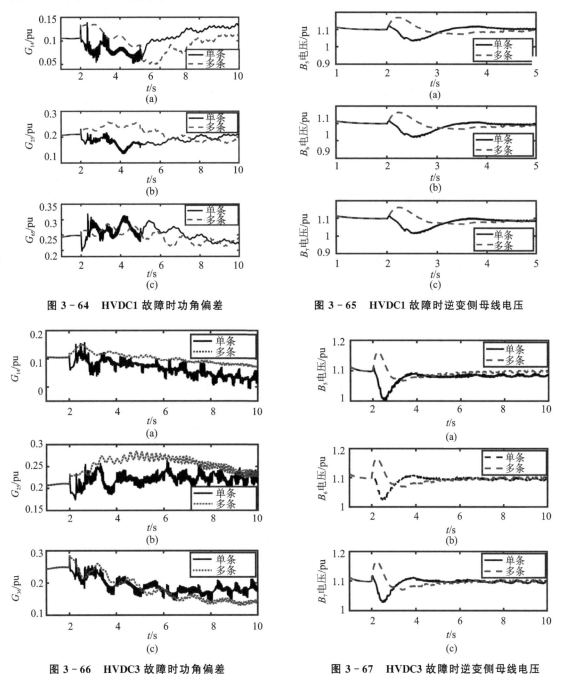

图 3 - 64　HVDC1 故障时功角偏差　　　　　图 3 - 65　HVDC1 故障时逆变侧母线电压

图 3 - 66　HVDC3 故障时功角偏差　　　　　图 3 - 67　HVDC3 故障时逆变侧母线电压

图 3 - 66 和图 3 - 67 中,黑色实线表示仅通过新功率支援因子选择得到的最优直流 HVDC1 进行功率支援,黑色虚线表示基于新功率因子 HVDC1 和 HVDC2 协调分摊进行功率支援。

根据图 3 - 66 和图 3 - 67 中单条直流紧急功率支援和多条直流紧急功率支援的功角差和母线电压变化曲线,能够得出与图 3 - 64 和图 3 - 65 相同的结论。

第4章　混合多馈入直流换相失败预防控制

4.1　直流换相失败分析与预防控制

4.1.1　换相失败机理

可控硅阀是半控型功率器件,阀从关断转入导通必须同时具备的两个条件:① 承受正向阳极电压;② 在门极加触发脉冲。阀一旦导通可以不依赖于触发脉冲而保持通态,只有当阀电流小于维持电流,而且阀电压保持一段时间等于零或为负,阀才可转为断态。在换流器中,退出导通的阀在反向电压作用的一段时间内,如未能恢复阻断能力,或者在反向电压期间换相过程未进行完毕,则在阀电压变为正向时,被换相的阀都将向原来预定退出导通的阀倒换相。换相失败的根本原因是关断角 γ 过小,换相失败可分为两种:① 一次换相失败;② 连续换相失败。一次换相失败电压波形和阀电流波形如图 4-1 所示。连续换相失败电压波形和阀电流波形如图 4-2 所示。

换相失败是直流系统常见的故障之一,一般单次换相失败仅会导致短暂的功率中断,其对系统影响不严重,只有发生连续换相失败才可能引起直流闭锁。换相失败一般都发生在逆变站,当逆变侧换流器两个桥臂之间换相结束后,刚退出导通的阀在承受反向电压的时间内,如果换流阀载流子未能完成复合并恢复正向阻断能力,或在反向电压持续期间未能完成换相,此时当阀两侧电压变为正向后,预定退出的阀将发生误导通,从而引起换相失败。交流系统对称时,逆变器的关断角 γ 为

$$\gamma = \arccos(\sqrt{2}\,kI_dX_C/U_V + \cos\beta) \tag{4-1}$$

式中,k 为变压器变比;I_d 为直流电流;U_V 为交流系统电压有效值;X_C 为换相电抗;β 为越前触发角。

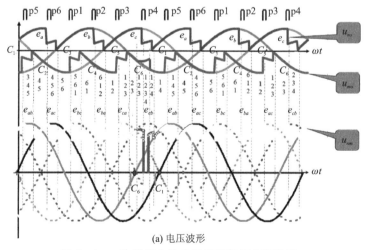

(a) 电压波形

图 4-1　一次换相失败电压波形和阀电流波形

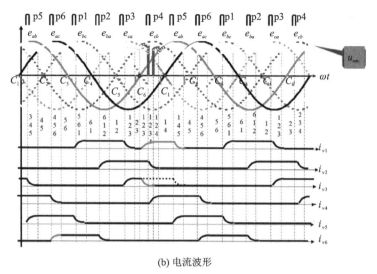

(b) 电流波形

图 4 - 1 一次换相失败电压波形和阀电流波形(续)

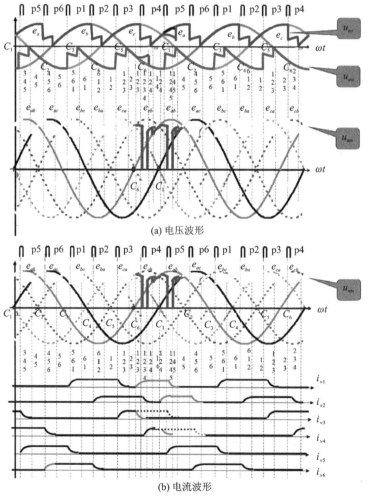

(a) 电压波形

(b) 电流波形

图 4 - 2 连续换相失败电压波形和阀电流波形

当逆变侧交流系统发生不对称故障,换相线电压过零点前移角度为 φ 时,逆变器的关断角为

$$\gamma = \arccos(\sqrt{2}kI_dX_C/U_V + \cos\beta) - \varphi \qquad (4-2)$$

等值换相电抗、直流电流、换流母线电压、超前触发角、换相电压过零点偏移都是换相失败的影响因素。

4.1.2 换相失败具体原因

系统运行时的关断角 γ 与影响换相失败的系统各参数有直接的联系,通常可用其对 γ 的灵敏度来衡量各参数对逆变器换相失败的影响。

(1) 逆变系统内部因素

引发换相失败的逆变系统内部因素主要是与触发脉冲控制方式有关的触发脉冲故障,例如丢失触发脉冲等,HVDC 换流器有分相触发和等间隔触发 2 种基本方式:分相触发易于在交直流系统中产生过量的谐波电压或电流,影响逆变器换相;等间隔触发能够产生等相位间隔的触发信号,对逆变器换相过程影响较小,相对前者而言更有利于系统稳定。

(2) 逆变侧换流母线电压下降及下降方式

在电网实际运行中,文献[54]将其电压下降分为电压的瞬时跌落和较慢速的下降 2 种主要形式。换流母线电压非跌落式下降时,HVDC 控制系统一般能够通过其快速作用抑制换相失败发生;逆变器换相失败通常是由于逆变侧换流母线电压的突然跌落引起的,与逆变站电气距离很远的交流电网短路故障也极有可能引发换相失败。引起逆变系统换流母线电压跌落的逆变侧交流系统故障主要有对称与不对称故障,分别以交流系统三相和单相故障为典型。

① 交流系统三相故障。交流系统不会引起换相电压过零点相位偏移,此时逆变器是否发生换相失败主要考虑其换相电压变化(下降)的速度和幅值:交流系统故障时,若 ΔU_L 较小,则恒关断角控制作用使 γ 基本保持不变,μ 增量亦不明显,通常不会引起换相失败;若 ΔU_L 较大,则换相角大幅增加,或 γ 因下一换相失败过程影响而变小,均可能引发换相失败。

② 交流系统单相故障。同上类似,换相失败发生与否与交流系统母线电压下降速度、幅值以及交直流控制系统的控制性能等均有关系;此外,逆变侧交流系统中不对称故障导致换相电压相角偏移,也是换相失败的重要影响因素。

(3) 交流系统强弱及故障点电气距离

传统 HVDC 是以交流系统提供换相电流(相间短路电流)的有源输电网络,相对于具有足够短路比(short circuit ratio,SCR)的受端交流系统,弱受端交流系统故障情况下,换相电压的大幅且快速下降不利于逆变系统成功换相,更容易引发甚至导致连续的换相失败;与此同时,较小的故障点电气距离会加剧逆变系统换相过程的换相电压下降。

(4) 故障合闸角

系统运行及仿真研究表明,交流系统母线三相短路故障时,逆变系统换相过程受故障合闸角影响较小;单相接地故障时,若逆变侧交流系统母线电压跌落值接近引起逆变器换相失败的临界值,则 90° 及 270° 故障合闸角引发换相失败的概率最大。为此可认为,对于永久性故障,应从系统控制方式(不限于换相失败预防控制,包括系统闭锁及恢复等)去考虑其对换相电压时间面积的影响,对一般的较多引起逆变系统换相失败的瞬时性故障而言,除了从对称与不对称故障等方面考虑其对交流系统母线电压波形、降落以及关断角的影响外,也应着重分析研究

不同故障类型下,其发生时刻、持续时间对逆变系统阀间换相的影响。此外,HVDC 稳态运行时直流系统输送功率越大,逆变侧交流系统故障时,换相失败发生的概率越高,但就 HVDC 输送功率本身而言,其大小对逆变系统换相过程影响有限。

(5) MIDC 系统中的影响因素

① 耦合阻抗:交流系统故障情况下,MIDC 系统中多个逆变站间同时或相继发生换相失败,与其之间的电气耦合关系(可用耦合阻抗大小来衡量)密切相关。逆变站间的耦合阻抗越大,交流系统故障点处的逆变器发生换相失败的概率越大,而这种情况下 MIIF 越小,不同逆变器同时换相失败的概率越小。

② 滤波器投切及谐波不稳定:交直流系统滤波器的投切操作通常伴随着逆变站谐波的产生,MIDC 系统中,谐波的交互影响可能引起交流系统的谐波不稳定,继而造成某些逆变站谐振,致使直流输电系统逆变侧交流系统母线电压波形严重畸变、换相电压过零点偏移,从而影响换相过程,诱发换相失败;尤其在 HVDC /MIDC 系统降功率运行时,滤波器投切对换相失败的影响作用更为显著。

③ MIIF 与 SCR:考虑到 MIDC 直流输电子系统相互作用对逆变器换相过程的影响,$MIIF_{ji}$ 越大,当直流子系统 i 处逆变器换流母线发生短路故障时,逆变站 i、j 就越有可能同时换相失败。MIIF 主要受直流子系统对应的交流系统强度及与故障交流系统耦合的电气距离的影响,而几乎不受故障交流系统强度的影响。直流子系统的多馈入短路比受该条直流子系统对应交流系统强度的影响最大,受与之耦合的电气距离影响次之。文献[61]推导出了换流母线电压相互影响的表达式,在此基础上推导得出换相失败时的临界电气距离,它与交流系统强度、故障情况下交流母线电压下降程度,以及逆变系统间的电气耦合等因素有关。文献[67]认为逆变站间的电气距离对其是否发生换相失败也有一定影响,当电气距离较近时,扰动容易造成异常的系统动态行为,从而引发换相失败。

4.1.3　换相失败抑制措施

抑制换向失败发生的预防措施主要有:

① 利用无功补偿装置,维持换相过程中电压稳定状态。

采用无功补偿装置对传统直流输电系统进行无功补偿,增加了输电系统有效短路比(ESCR),维护了交流系统电压稳定性,降低了系统在暂态下的反应速度。由于 VSC 调节方便、迅速平稳、运行范围宽以及体积小、维护简便等优势,具有和静止同步补偿器(static synchronous compensator)相同的特征,为 LCC-HVDC 逆变站进行动态无功补偿,抑制换相失败的发生。

② 选用适当的控制方式。

LCC-HVDC 逆变器交流母线发生不对称故障时,等间隔触发脉冲控制不受故障的影响,可以产生等相位间隔触发信号,不依靠系统的同步电压抑制后续的换相失败,从而保持系统的稳定运行能力。

③ 采用较大平波电抗器限制暂态下的直流电流的上升。

逆变器发生换相失败和末端短路相似,直流电压下降为零,直流电流剧烈升高,直流电流暂态时的快速增加易发生换相失败。采取平波电抗器限制直流电流快速上升,可以抑制逆变器连续换相失败。

④ 选择电抗值较小的变压器。

通过降低变压器短路电抗来减小换流器换相时的换相角,从而增大熄弧角,降低换相失败的发生。但是,采用电抗值较小的变压器,在换相失败时会产生较大的故障电流,不利于换流站长期运行。

⑤ 增大 β 或 γ 的整定值。

间接或直接提升 β 和 γ 的指令值,可以有效减少逆变器发生换相失败的概率,同时也降低了直流输电的成本。

⑥ 人工换相。

LCC‐HVDC 自然换相角度为 $0°\sim80°$,交流系统电压变化会影响换向进行。人工换相的目的就是让换流站在不同时刻的期望点进行换相,使换流器处于反向电压作用下有足够长的相位角,确保阻断能力的恢复。

4.2　VSC‐HVDC 增强 LCC‐HVDC 抵御换相失败能力的原理

LCC‐HVDC 的换向需要一定强度的交流电源来提供换向支撑,从而单独运行,不能作为电网大停电的故障恢复电源,运行中需要大量的无功补偿装置和滤波器。VSC‐HVDC 采用了全控器件,可以工作在无源条件下,为无源网络下电网的故障快速恢复提供了积极手段。

在电网中由多条 LCC‐HVDC 和 VSC‐HVDC 馈入到同一个或电气距离接近的交流系统,形成了混合多馈入直流输电系统(hybrid multi-infeed HVDC,HMIDC)的形式。当 VSC‐HVDC 与 LCC‐HVDC 受端交流馈入相同母线后,交流母线电压的稳定性得到了有效的调节,增大了系统中 LCC‐HVDC 最大输送有功功率,改善了系统的稳态和动态性能,降低了 LCC‐HVDC 暂态过电压能力,增强了 L 抑制换相失败的能力,减少了发生换相失败的概率。文献[68]—[70]用 VSC‐HVDC 改善了 LCC‐HVDC 系统运行的稳定性。文献[71]将 VSC‐HVDC 引入到 MIDC 中,以改善 LCC‐HVDC 逆变侧交流母线电压特性,基于故障状态下恢复时间的长短,得出了在电气连接较弱时,电流-电压控制模式的 LCC‐HVDC 系统故障恢复特性最优的结论。

在 HMIDC 中,基于换相失败免疫性指标(phase failure immunity indicators,CFII),在 VSC‐HVDC 采取定交流电压控制下,LCC‐HVDC 存在 3 种不同条件下的换相失败的抑制能力:电流-关断角、电流-电压、功率-关断角控制模式。同时,电气距离大小对 LCC‐HVDC 换相特点也会产生影响。基于故障下的恢复时间,LCC‐HVDC 和 VSC‐HVDC 电气连接密切时,LCC‐HVDC 采取电流-电压控制模式,其抑制换相失败发生和故障状态下的恢复特性优势显著,电气联系不密切时则相反,电流-关断角控制模式具有更快的故障恢复能力。文献[72]仿真研究表明了 VSC‐HVDC 的接入可以降低 LCC‐HVDC 发生换相失败的概率。文献[73]采用近似计算方法推导了 HMIDC 的有效短路比(ESCR),分析了不同电气距离下,LCC‐HVDC 换相失败免疫性指标,研究表明增大有效短路比 ESCR 可降低当地换相失败风险,减小多馈入交互作用因子 MIIF 可有效抑制同时换相失败。受端交流系统的短路容量随着 LCC‐HVDC 馈入的增多而变小,易引发相邻多馈入间直流系统的换向失败,因此,受端交流系统需要足够大的 ESCR,即

$$\mathrm{ESCR} = \frac{S_{SC} - Q_C}{P_{DC}} \quad \frac{\sqrt{3V_N I_{SC}} - Q_C}{P_{DC}} \qquad (4-3)$$

式中，S_{SC} 和 I_{SC} 分别为交流母线三相短路容量和短路状态时电流的有效值；V_N 为换相母线额定电压；Q_C 为交流滤波器和并联电容器共同提供的实际无功，正常状态下，Q_C 约等于 0.6 倍的 P_{DC}。

通过简化简单 δ 系统模型，可推导出该简化的 HMIDC 模型的 ESCR 为

$$\mathrm{ESCR} = \frac{\sqrt{3V_S} \sqrt{G_m^2 I_{VSC}^2 + G_n^2 + 2G_m G_n} - 0.6 P_{DC}}{P_{DC}} \qquad (4-4)$$

其中，$G_m = \dfrac{X_m}{X_m + X_n}$，$G_n = \dfrac{1}{X_n + X_n}$，$X_m$、$X_n$ 包含有 X_S、Z_{13}、Z_{24}、Z_{24}、$Z_1 \sim Z_4$；I_{VSC} 为等效电流源的有效值。文献[74]研究了 VSC 的最大功率曲线受 SCR、换流器容量、等值阻抗角、无功补偿装置的影响。

故障原因导致交流系统变为无源网络，可以利用 VSC-HVDC 对交流电压的支撑作用进行电网恢复过程，使 LCC-HVDC 降压运作，并向受端交流系统提供有功功率，为交流系统的故障恢复发挥积极的建设作用。文献[75]建立了利用 VSC-HVDC 启动 LCC-HVDC 的详细结构，并设计了 HMIDC 的控制系统结构，控制系统可以向无源网络供电，具有良好的动态特性和故障恢复能力。文献[76]定量计算了从 HMIDC 工频变化量阻抗方向保护动作特性的理论方法，可以准确评估 HMIDC 交流电网继电保护是否存在安全隐患。文献[77]分析研究了短路故障下 VSC-HVDC 和 LCC-HHVDC 的故障恢复特性。

4.3　混合多馈入直流输电系统 VSC-HVDC 附加无功控制

柔性直流输电（VSC-HVDC）具有无功功率连续可调，可以根据需要发出无功功率的特点，对提高混合多馈入直流输电系统（hybrid multi-infeed direct current，HMIDC）的输电质量、保持受端交流母线电压稳定安全运行具有重要的意义。本节针对混合多馈入直流输电 LCC-HVDC 逆变侧交流系统的换相失败问题，以实现暂态下受端系统的稳定控制为目标，设计了 2 种无功附加控制器，即基于暂态电压偏差量的无功控制和基于 γ 角的暂态无功控制。

通过后续的实验仿真对比分析可以看出，两种附加控制都可以很好地对受端系统的无功变化进行动态补偿，但是基于 γ 角偏差量的无功协调策略可以控制关断角的变化量，快速补偿动态无功的变化，抑制换相失败的发生。设计的 2 种暂态下无功附加控制器可以在故障下进行动态无功补偿，增强逆变侧抵御连续换相失败的能力。

4.3.1　混合多馈入直流输电系统控制策略

VSC-HVDC 和 LCC-HVDC 接入同一交流电网后所形成的混合多馈入直流输电系统中，VSC-HVDC 对所形成的新的输电网络提升作用明显，这充分表现出了其灵活快速的控制特征。VSC 此时的作用和静止同步补偿器相同，都可以稳定受端交流系统扰动，进行有功和无功的快速调节，使受端交流系统在故障下的电压降低，进行动态的无功补偿，稳定交流系统母线电压在正常的合理区间。除此之外，VSC 也能为 LCC 换向过程的实现提供电压支撑，

有助于提升 LCC 抵御换向失败的能力。综上原因,柔性直流为未来的输电网络结构的优化提供了选择方案,是未来输电系统研究的重点方向。

  LCC - HVDC 换流器换流元件采用无自关断能力的晶闸管,当受端交流系统受到故障扰动或者交流系统较弱时,发生换相失败就不可避免。VSC - HVDC 可以实现有功和无功功率独立控制,具有四象限运行特性,并且两端换流站均采用了 IGBT 和 SPWM 调节换流站出口电压的幅值和与交流电压之间的功角差,可迅速地实现有功和无功功率的输送调节,如图 4 - 3 所示。

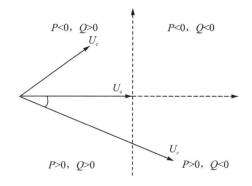

图 4 - 3 中,有功功率的输送取决于 δ,无功率的输送取决于 U_c。对 δ 和 U_c 的调节可以实现 VSC 有功和无功功率的独立调节,增强了系统中 LCC - HVDC 逆变侧交流系统强度,并抑制了换相失败发生风险。

图 4 - 3   VSC - HVDC 稳态运行向量图

  在常规直流输电工程的无功补偿措施中,LCC - HVDC 无功调节依靠无功补偿装置和滤波器的投切来稳定换流站母线电压,由于无功补偿装置是阶梯式的调节方式,滤波器的频繁调节影响自身的寿命,投切的方式也会影响系统的稳定性,易引起母线电压的波动。混合多馈入高压直流输电系统中 VSC - HVDC 能向受端公共交流母线提供一定的无功功率支援,同时可以为 LCC - HVDC 的换相提供电压支撑。为实现上述目的,基于逆变侧交流母线的暂态电压变化量,在系统中 VSC - HVDC 的逆变侧定无功控制的基础上附加无功控制器,发挥 VSC - HVDC 无功快速调节的功能,如图 4 - 4 所示,以减少故障时 LCC - HVDC 换流母线波动。

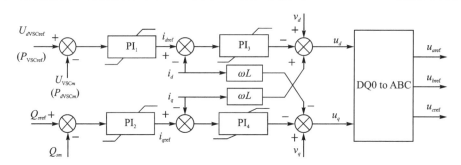

图 4 - 4   柔性直流输电控制策略

  由于 LCC - HVDC 逆变侧换相失败的根本原因是熄弧角偏小,如果未能及时通过相应的措施来控制换相失败发生,将会引发连续换相失败,威胁输电系统的安全稳定运行。基于 γ 角的暂态无功控制是根据故障时 γ 角的偏差值,通过相应的 PI 环节,将 γ 角的偏差值换算为相应的动态无功补偿量,附加到 VSC - HVDC 的无功外环控制环节中。利用 VSC 的有功和无功功率快速可调的特性,实现暂态下无功功率的动态补偿,抑制换相失败的发生。基于 γ 角的暂态无功控制在故障时增加了 LCC - HVDC 逆变侧无功补偿量,增大了关断角,降低了 LCC - HVDC 换相失败发生频率,为无功功率的优化控制提供了新思路。

  这两种附加控制均体现出了对无功功率的调节控制,在不改变原有控制系统结构的前提下,只需要添加相对应的附加无功控制环节,就能进行无功偏差量的附加控制。无功控制方式具有针对性和快速性的特点,是附加无功控制的重要特征。在不改变现有工程控制结构的基础上,通过附加无功控制器的方式,从而提高 HMIDC 交流系统故障时的稳定性和安全性。

4.3.2　基于暂态电压的无功控制原理

传统的直流输电在传输有功功率的同时消耗着无功功率,无功功率的变化主要靠无功补偿装置和滤波器来提供无功功率平衡,由于无功补偿装置是阶梯式的调节方式,滤波器的频繁调节影响自身的寿命,这些因素都会引起更大的母线电压波动。

在混合多馈入直流输电系统中,由于 VSC - HVDC 和 LCC - HVDC 的电气距离较近,故可以发挥 VSC - HVDC 无功调度的功能,当受端交流系统发生故障时,根据逆变侧交流电压的变化量,在逆变侧常规定无功控制器基础上附加无功控制器,充分发挥 VSC - HVDC 的无功调节能力,有效降低了 LCC - HVDC 换流母线电压的波动,避免了无功补偿装置和滤波器补偿动作对电压的影响。

HMIDC 中 VSC - HVDC 基于暂态偏差量的附加无功控制如图 4 - 5 所示。其中 U、U_{ref} 分别为 LCC - HVDC 逆变侧交流母线实测值和参考值,ΔU 为 U 和 U_{ref} 的偏差值,ΔU 的死区区间为 $[-\Delta U_0, \Delta U_0]$,$K$ 为比例常数,当 LCC - HVDC 逆变侧换流母线电压偏差值 ΔU 超过死区环节时,附加无功控制开始工作。在实际运行中,当运行的实际电压小于参考值时,VSC - HVDC 的无功附加控制器就会输出一定比例的无功功率 ΔQ,若大于参考值,则 VSC - HVDC 会吸收一定比例的无功。

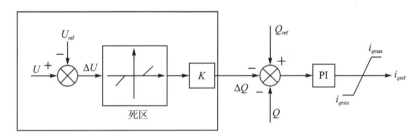

图 4 - 5　基于暂态电压偏差量的 VSC - HVDC 附加无功控制器

VSC - HVDC 附加控制器补偿特性如图 4 - 6 所示,VSC - HVDC 无功附加控制器的工作原理为:当受端交流系统受到故障扰动时,LCC - HVDC 换流站母线电压下降 ΔU,其 VSC - HVDC 换流站相应地需要增加无功功率 ΔQ,反之则 VSC - HVDC 换流站相应地需要减少无功功率 ΔQ。由于系统在运行过程中,受各种因素的影响,不可避免地会有一些电压的扰动变化量,这些变化量是在正常的区间范围内,并不影响系统的正常运行,对于此种变化情况,附加无功控制的过程中增加了死区环节,具体值的大小应根据实际的工程应用进行合理地设置。当发生故障使电压偏差量超出了死区设置的范围值时,VSC - HVDC 会迅速地调整无功控制器的整定

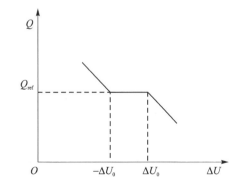

图 4 - 6　VSC - HVDC 附加控制器补偿特性

值,向交流母线输送更多的无功功率,快速地补偿交流电压变化引起的无功功率缺失,使整个系统在故障下进行稳定恢复,保持系统的稳定运行。

VSC－HVDC 无功附加控制器根据换流母线偏差值 ΔU 的变化,对受端交流系统在故障扰动下的无功需求进行补偿,保持了系统中 LCC－HVDC 逆变侧母线电压稳定,提升了系统的稳定运行水平。

4.3.3 基于 γ 角的暂态无功控制原理

常规直流输电换流器运行关断角受母线电压和不对称故障母线电压过零点偏移的影响,关断角降低不利于逆变器的安全稳定运行,关断角过低会引发换相失败。为发挥 VSC－HVDC 快速无功功率调节来提升 LCC－HVDC 抵抗换相失败的能力,提出了基于关断角 γ 的暂态无功控制策略。文献[78]提出了以最小关断角为依据,快速确定换相失败临界阻抗的方法。文献[79]提出了基于相位比较法和直流电压过零法的换相失败判别方法,依据故障时的关断角偏差值得出无功变化量,并将无功变化量附加到已有的 VSC－HVDC 无功控制结构中,当系统发生故障时,该控制方法能够增大 LCC－HVDC 关断角的幅值,抑制 LCC－HVDC 逆变侧发生换相失败。

LCC－HVDC 的受端交流强度对换相失败有较大的作用,在交流系统中发生故障时,会引起交直流系统的电压、电流变化以及换相电压相角偏移,这些因素的变化都会导致逆变器关断角 γ 降低,导致换流阀没有足够的时间来恢复其阻断能力,最终使原先应关断的阀不关断,应导通的阀不导通。换相失败的本质是熄弧关断角过小,在换相失败初期,如果不能及时地进行控制和补偿等措施,将会引起连续的换相失败现象的发生,对输电的安全稳定运行产生重大的影响。本节采用 CIGRE 标准测试模型的 LCC－HVDC 控制方式,具体控制原理如图 4－7 所示。

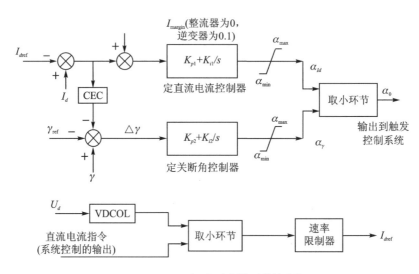

图 4－7　CIGRE 标准测试模型的控制框图

HMIDC 的熄弧角表达式为

$$\gamma = \arccos\left(\frac{\sqrt{2n}\,I_d X_L}{U_L} + \cos\beta\right) \tag{4-5}$$

当交流发生不对称故障导致电压相角偏移 φ 时,关断角的表达式为

$$\gamma = \arccos\left(\frac{\sqrt{2n}\,I_d X_L}{U_L} + \cos\beta\right) - \varphi \tag{4-6}$$

基于关断角 γ 的暂态无功附加控制器如图 4-8 所示,在故障时由逆变侧关断角 γ 的偏差量得出无功补偿值,然后附加到 VSC-HVDC 逆变器外环无功控制环节中,通过调节 VSC 发出的无功值,补偿交流系统的无功变化,使 LCC-HVDC 关断角保持在正常范围,达到了提高 HMIDC 中 LCC-HVDC 换相失败抵御能力的目的。

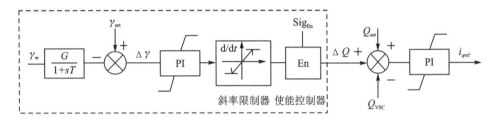

图 4-8　基于关断角的暂态无功附加控制

图 4-8 中,γ_{set}、γ_m 为关断角整定值和实测值,$\Delta\gamma$ 是 γ_{set} 与 γ_m 作差的偏差值,经过比例积分 PI 环节得到无功功率补偿值 ΔQ 注入无功外环控制中,其中 PI 环节包含限幅功能。正常运行时,$\gamma_{set} < \gamma_m$,在 PI 环节限幅功能作用下输出的无功补偿值为零,暂态无功协调控制不起作用;在故障状态下,$\gamma_{set} > \gamma_m$,经 PI 环节输出相应的补偿值 ΔQ,但补偿值 ΔQ 不超过 VSC-HVDC 最大无功限值 300MVar。

正常运行状态下基于 γ 角的附加无功控制输出值为零,为提升附加控制的灵敏性,通常把附加控制的关断角设定值和实际运行值设置得相接近。正常运行时关断角有一定的波动范围,文献[79]中正常运行时关断角的波动范围为 ±2.5°。实际设计中应充分考虑波动的变化,本附加控制器的设计中,关断角额定值 γ_N 应减去波动范围的变化量,根据大量文献研究,关断角整定值 γ_{set} 可设为 14.5°。由于 VSC-HVDC 无功功率调节极为快速,过快的调节速率不利于系统稳定性,斜率控制器限制无功变动速率,可以提高系统运行的稳定性。使能控制器的控制信号 Sig_{En},为故障判定模块的输出信号,判定故障时投入该控制策略。

基于 γ 角的暂态附加无功控制器通过把关断角的偏差值变换为无功控制量 ΔQ,然后将其附加到 VSC 的无功外环控制环节,从而调节 VSC-HVDC 换流器吸收或发出的无功功率,发挥了 VSC-HVDC 快速有功和无功调节控制优势,在故障时减小了 LCC-HVDC 关断角的降低幅度,达到了提高 HMIDC 中 LCC-HVDC 换相失败抵御能力的目的。

4.3.4　两种附加无功控制的仿真分析

为验证本节提出的基于暂态电压的无功控制和基于 γ 角的暂态无功控制环节,通过对 HMIDC 控制策略的分析,为实验的顺利进行提供条件,通过实验结果来验证所要达到的控制

目的,即 HMIDC 中 LCC‐HVDC 抑制换相失败的能力得到了提高,如图 4‐9 所示,在 PSCAD/EMTDC 中建立 HMIDC 模型,具体参数如表 4‐1 所列。

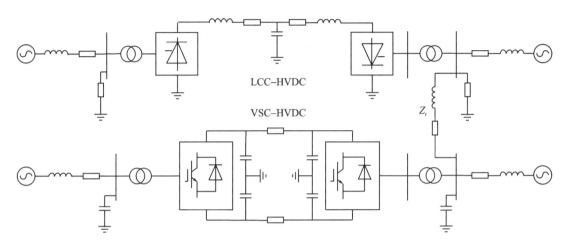

图 4‐9　混合双馈入直流输电系统结构图

表 4‐1　HMIDC 模型参数

系　统	LCC‐HVDC	VSC‐HVDC
额定容量/MW	1 000	1 000
直流线路电压/kV	±160	±350
直流线路电流/kA	3.125	1.429
变压器额定变比/kV	525/135.2	525/375
平波电抗器	150 mH	—

为了能够更好地在 PSCAD/EMTDC 仿真中对两种附加控制的原理和效果进行对比,仿真实验设置了三组仿真案例进行对比研究,设置如下:

案例一:无附加的混合多馈入直流输电控制策略。

案例二:基于暂态电压的附加无功控制的 HMIDC。

案例三:基于 Z_c 角的暂态附加无功控制的 HMIDC。

仿真实验在混合多馈入直流输电系统 LCC‐HVDC 母线上设置单相接地,在 2.0 s 时发生,时长为 0.2 s。对三组案例的母线电压、LCC‐HVDC 关断角 γ 进行对比分析,通过仿真实验,得到图 4‐10~图 4‐15。

由图 4‐10~图 4‐15 分析可知,无附加控制器时,HMIDC 发生了一次、二次换相失败,母线电压下降为 0.15 pu。增加无功附加控制器后,在 LCC‐HVDC 相同故障时,换相失败判据关断角 γ 持续时间明显缩短,抑制了换相失败。VSC 发出的无功更多,母线电压升高以补偿母线跌落的电压,从而保持了稳定性。

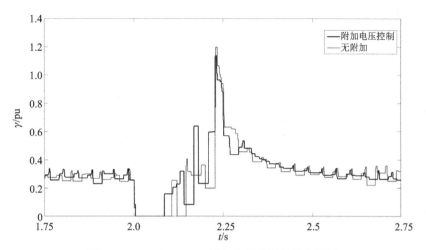

图 4 - 10　VSC - HVDC 附加电压控制关断角图形

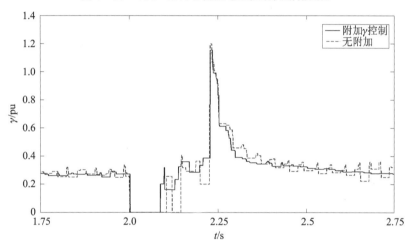

图 4 - 11　VSC - HVDC 附加 γ 控制关断角图形

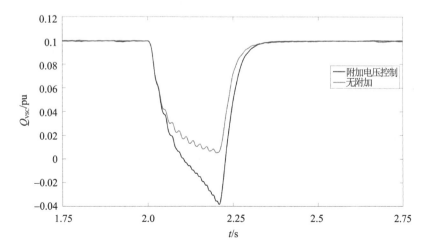

图 4 - 12　VSC - HVDC 附加电压控制暂态下发出无功功率图形

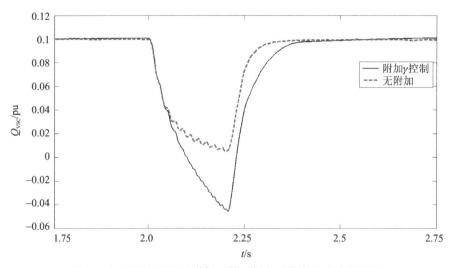

图 4-13　VSC-HVDC 附加 γ 控制暂态下发出无功功率图形

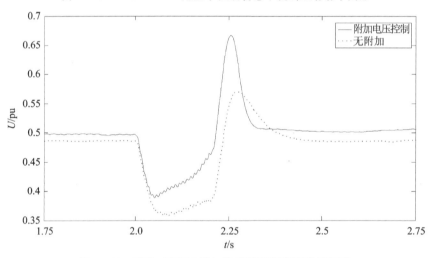

图 4-14　VSC-HVDC 附加电压控制暂态下电压图形

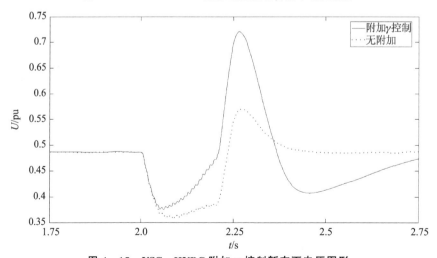

图 4-15　VSC-HVDC 附加 γ 控制暂态下电压图形

本节最小关断角定为 U_2（约 0.122 1）。图 4-10 中，基于暂态电压偏差量的无功协调控制可以抑制换相失败的发生，γ 约为 0.1，易发生后续换相失败。而图 4-11 中，基于 γ 角的暂态附加无功控制策略，无论是关断角大小、换相失败持续时间、发出无功功率大小，还是电压补偿值，都要优于基于暂态电压的附加无功控制策略，更适用于抑制 HMIDC 换相失败，稳定系统的运行状态。

4.4 STATCOM 增强混合多馈入直流输电系统稳定性的仿真分析

4.4.1 静止同步补偿器的工作原理

静止同步补偿器（STATCOM）作为柔性交流输电系统（flexible alternative current transmission systems，FACTS）一种重要的电力电子装置，其控制方式可以实现从感性到容性的快速、连续的无功协调控制，特别是在欠压条件下依然可以高效地调节无功输送，因此又被称为先进的无功发生器（ASVG）。STATCOM 并联于系统中发出或吸收无功功率，谐波特性好、响应速度快，是 SVC 之后一种全新的静止同步补偿器，具有和 SVC 相同的控制结构及有功和无功独立控制功能，由于静止同步补偿器高效的调节机制，在实际工程中常用于动态无功补偿。

静止同步补偿器（STATCOM）具有不同的结构和控制功能，如果按照直流侧电容和电感的不同，则可分为电压源和电流源。电压源型 STATCOM 在换向过程或持续充电放电中保持电压稳定运行，主电路采取的三相电压源桥式变换电路，将直流电压转换为交流电压的方式，串联的电抗器阻尼过电流和滤除纹波。电流源型 STATCOM 在换向或充放电过程中，串联电感使流经的电流不会变化剧烈，主电路通常采取接入电流源变换电路，将直流电流转化为交流电流形式，并联接入的电容吸收换向产生的过电压。电压源和电流源的选取应根据不同的控制目标和实际需要合理选择。实际工程应用中，STATCOM 通常采取的是电压源型结构控制策略。

STATCOM 接入交流系统的工作等效电路如图 4-16 所示，其中 V_{st} 为 STATCOM 输出线电压的基波分量，V_{pcc} 为系统线电压，X 为连接的电抗，通常为连接变压器的漏抗。

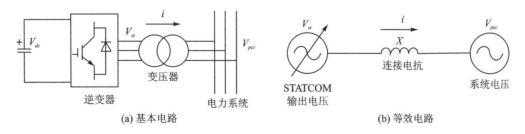

(a) 基本电路   (b) 等效电路

图 4-16 STATCOM 装置调节无功的原理示意图

在静止同步补偿器接入的电力网络中，如果考虑到实际运行中的功率损耗问题，可以把

STATCOM 等效为内阻为 $R+\mathrm{j}X$，电势为 V_{st} 的同步发电机，图 4 – 16(b) 中 V_{pcc} 和 V_{st} 不再同相，假设系统电压超前 STATCOM 输送到交流侧的电压 δ 角度。STATCOM 从系统吸收的有功功率及输出的无功功率分别为

$$\begin{cases} P = -\dfrac{V_{pcc}V_{st}}{X}\sin\delta \\[3mm] Q = \dfrac{V_{pcc}(V_{st}\cos\delta - V_{pcc})}{X} \end{cases} \tag{4-7}$$

由于系统电压和 STATCOM 输出到交流侧的电压相角差 δ 角很小，式（4–7）可写为

$$\begin{cases} P \cong -\dfrac{V_{pcc}V_{st}}{X}\delta \\[3mm] Q \cong \dfrac{V_{pcc}(V_{st} - V_{pcc})}{X} \end{cases} \tag{4-8}$$

分析式（4–8），变换器输送到交流侧的电压相角及幅值决定了 STATCOM 向所接入的电力系统输送的容量大小，是影响静止同步补偿器动态无功补偿的重要因素。

STATCOM 输送到交流侧的电压小于交流系统的线电压，即 $V_{st} < V_{pcc}$ 时，STATCOM 向系统输送的无功 $Q < 0$，此时 STATCOM 控制装置相当于电感。

STATCOM 输送到交流侧的电压大于交流系统线电压，即 $V_{st} > V_{pcc}$ 时，STATCOM 向系统输送的无功 $Q > 0$，此时 STATCOM 控制装置相当于电容。

因为 STATCOM 产生的电压大小可以独立迅速地调节，所以 STATCOM 吸收的无功可以由正到负进行迅速独立地协调控制。

图 4 – 17 所示为考虑了各种损耗及电阻的电压型 STATCOM 的工作原理连接形式。

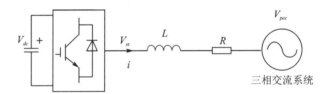

图 4 – 17　STATCOM 装置的原理接线图

依据图 4 – 17 所示的工作原理分析图，建立 STATCOM 的数学模型分析原理，稳态运行下 STATCOM 输出的有功功率和无功功率为

$$\begin{cases} P = -\dfrac{V_{pcc}^2}{R}\sin^2\delta \\[3mm] Q = \dfrac{V_{pcc}^2}{2R}\sin^2\delta \end{cases} \tag{4-9}$$

分析式（4–9），稳态状态下 δ 不为零，STATCOM 输送的有功功率为负，说明 STATCOM 本身消耗有功。在稳态运行情况下，STATCOM 输送的无功与控制变量 δ 相关，当 $\delta < 0$ 时，STATCOM 接受无功功率；当 $\delta > 0$ 时，STATCOM 发出无功；当 $\delta = 0$ 时，STATCOM 不吸收也不发出无功。

STATCOM 存在串并联损耗，如果采用串联等值电阻代表 STATCOM 损耗，则存在一定

误差。STATCOM 的等效电阻尽管不大,在设计控制器时却不能忽视。STATCOM 工作原理为:利用可关断大功率电力电子器件(如 IGBT)组成自换相桥式电路,经过电抗器并联在电网上,适当地调节桥式电路交流侧输出电压的幅值和相位,或者直接控制其交流侧电流,就可以使该电路吸收或者发出满足要求的无功电流,实现动态无功补偿的目的。当 STATCOM接入电网后,能够根据系统运行情况,调节电网运行时无功容量大小需求,内环控制系统通过传输电压的幅值和相位信息,相对应的门机开关控制方式被导通,产生的驱动脉冲对换流器关断器件进行控制。直流侧的电压通过相应的控制环节被转换为交流侧电压的幅值和相位,交流电压通过和电抗器的耦合之后,得到了交流系统变化后所需要的无功补偿控制量。

在输配电领域中,投运的大容量 STATCOM(10 MVar 及以上)工程已经超过 20 项。在实际工程中的大量应用证明了 STATCOM 对实际环境的适应性。STATCOM 在输配电网中具有无功优化协调、增大运行系统安全稳定性、节制潮流等优点,对未来电网的安全稳定运行具有重要的意义。在配用电中 STATCOM 优势依然明显,STATCOM 接入配电网增加了配电端电能质量,保障了供电的可靠稳定性。

4.4.2　STATCOM 控制策略

STATCOM 和 VSC 有相同的协调控制结构策略,可控开关器件和 PWM 技术可单独控制有功和无功功率。STATCOM 采取双闭环协调控制系统,和 VSC - HVDC 相同,外环控制环节采取定直流电压和定无功功率的协调控制方式来实现,正常状态工作时,换流站交流母线处无功为 0 MVar,实时检测的无功与期望指令值 0 MVar 作差,将生成的节制信号 i_{sq}^{*} 作用在内环电流解耦控制环节上,控制系统工作结构如图 4 - 18 所示。

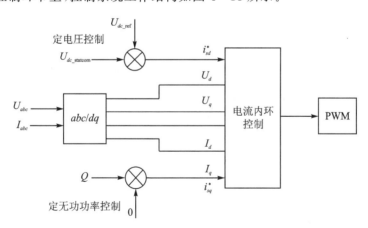

图 4 - 18　STATCOM 的控制系统结构框图

高压输电网补偿中 STATCOM 通过变压器连接到电网,低电压配送电网补偿过程中STATCOM 经过电抗器或者并联接入电网中。依据控制的物理量,STATCOM 控制方式分为直接电流和间接电流的控制。从控制策略划分,可分为开环和闭环控制,以及这两种控制的混合控制形式,通常从控制上讲是电压环以及电流环。

文献[84]中 STATCOM 的控制方式的实现是基于 SVPWM 的双环控制。文献[85]在

含 STATCOM 的高压直流输电中,STATCOM 采取了定直流电压和定交流电压的控制协调
实现方式。STATCOM 能够准确快速地发出或者吸收无功,维护系统交流侧母线电压安全稳
定运行。文献[86]建立了含 STATCOM 的双馈入输电系统结构,利用最大传输有功功率增
加量来分析 STATCOM 对不同短路比时最大传输有功功率的影响。文献[87]提出在直流系
统换流器控制和 STATCOM 控制模块间,使用平均 γ 值作为补充协调信号使 STATCOM 更
快地产生作用,具体的控制机构如图 4－19 所示。

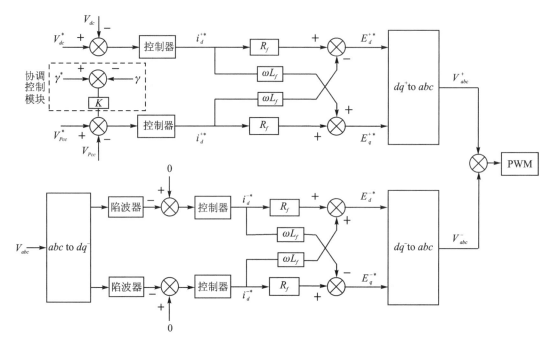

图 4－19　STATCOM 控制框图

针对含 STATCOM 的混合多馈入直流输电系统,利用 STATCOM 独立快速控制无功功
率的特点,凭借其在抑制母线电压振荡、提高系统暂态电压稳定水平方面的优势,实现联合发
出无功以改善 HMIDC 的运行特性。在 PSCAD/EMTDC 实验中,在系统的交流母线上设置
了三相接地故障状态,需说明的是,设置的三相接地故障并非金属性接地故障,而是电感非金
属性接地故障,通过制定适合的实验案例来分析所设计的控制结构的合理性,实验的结果验证
了无功协调控制策略对换相失败抵御机制的作用。

4.4.3　仿真分析

本节所搭建的含 STATCOM 的混合多馈入直流输电系统仿真结构如图 4－20 所示。
STACOM 连接变压器后和电抗以并联的形式接于混合多馈入直流输电逆变侧交流母线上。

STATCOM 额定容量(无功)为 100 MVA,其直流侧和交流侧主要参数如表 4－2
所列。

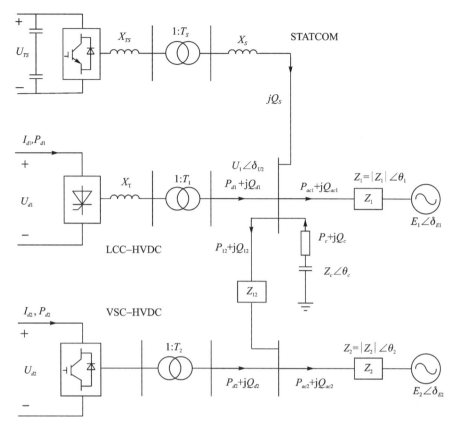

图 4 - 20 含 STATCOM 的混合双馈入输电系统

表 4 - 2 STATCOM 系统主要参数

直流侧	交流侧
±12.5 kV	13.8/230 kV
5 000 μF×2	$X_{TS}+X_S=0.18$

在母线处设置三相接地故障,开始时间为 2.0 s,持续故障的时间为 0.7 s,设置了两组故障案例,通过对两个案例的实验分析,验证了无功协调的控制效果和可应用性。设置的两组故障分别如下:

案例一:含有 STATCOM 的混合多馈入直流输电系统。

案例二:不含 STATCOM 的混合多馈入直流输电系统。

两组的故障时间和类型相同,以对比分析 STATCOM 的接入对 HMIDC 无功协调控制的效果。

如图 4 - 21 所示,发生三相接地故障时,无 STATCOM 在 2.0 s 时混合多馈入直流输电系统 LCC - HVDC 逆变侧关断角小于等于 7°,易发生换相失败,含 STATCOM 的混合多馈入直流输电系统的最小关断角为 12°,远大于换相失败的最小关断角 7°。可见,STATCOM 对在故障下交流系统的无功协调控制,维持了逆变侧交流母线电压在安全稳定范围内运行,抑制了后续换相失败的发生。

如图 4-22 和图 4-23 所示,故障发生后,PCC 点电压下降,不含 STATCOM 的混合多馈入直流输电系统母线电压波动剧烈,且在 2.6 s 时刻才恢复稳定状态,如图 4-22 虚线所示。含 STATCOM 的混合多馈入直流输电系统在故障状态下,交流母线电压的偏差值作用在 STATCOM 控制系统中,使 STATCOM 发出的无功功率增大,以补偿交流母线电压的变化,电压在 2.2 s 就已经保持稳定状态,STATCOM 发出的无功功率稳定在 80 MVar,故障切除后,STATCOM 无功补偿状态恢复原状,不对系统产生过大的影响,PCC 点电压能够在很短的时间内恢复稳态运行。

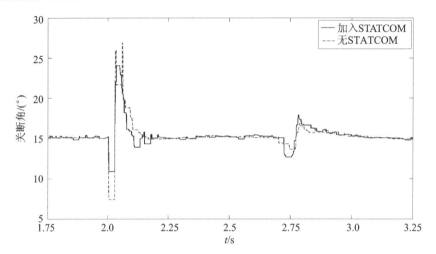

图 4-21　混合多馈入直流输电系统 LCC-HVDC 逆变侧关断角大小

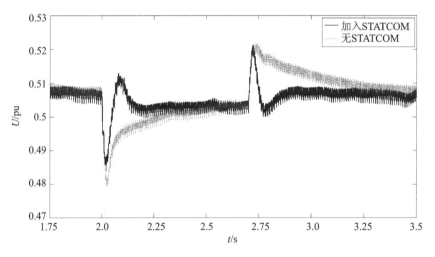

图 4-22　在逆变侧交流母线上 PCC 处电压变化大小

综上仿真分析可知,设计的含 STATCOM 的 HMIDC 的协调控制策略能满足系统在暂稳态下的无功功率协调控制。当发生较大电压波动时,STATCOM 根据交流母线电压偏差量快速进行无功的控制,补偿交流系统无功的缺失。当发生较大无功波动时,无功若有剩余,STATCOM 能快速吸收多余无功,从而很好地维持母线电压的安全稳定运行。可见,设计的无功协调控制系统达到了设计要求,对系统的无功功率有很好的协调控制作用。

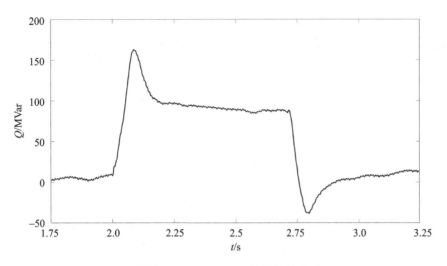

图 4 - 23　STATCOM 输出的无功

第5章 混合多馈入直流控制策略研究

对于由两条 LCC-HVDC 和一条 VSC-HVDC 组成的 HMIDC 系统,由于直流系统本身具有快速调节功率和过负荷运行的能力,若出现其中一条 LCC-HVDC 因故障导致该条线路输送的功率降低,进而使电网出现功率缺额的情况,则可利用另外两条正常运行的直流系统将故障功率转移至本线路,实现紧急功率支援(emergency DC power support,EDCPS),达到维持电网功率平衡的目的。紧急功率支援属于直流大方式调制的一种,输出信号为功率信号或电流信号,一般用于向系统提供同步功率来增加系统的稳定极限,其调制量在通常情况下为直流功率的 20%~50%,被认为是维持电网暂态稳定最经济有效的方式之一。在含 LCC-HVDC 和 VSC-HVDC 的混合直流系统中,两种不同类型的直流系统的紧急功率支援控制措施在抑制区域间功角摆动、提高频率稳定性等方面存在差异。

5.1 混合多馈入直流功率支援研究

5.1.1 LCC-HVDC 紧急功率支援附加控制器设计

在 LCC-HVDC 的实际工程中,常常采用多桥换流器的结构。式(5-1)即为多桥换流器的基波等效数学模型:

$$
\begin{cases}
U_{d0} = \dfrac{3\sqrt{2}}{\pi} n k_T U_{ac} \\[2mm]
U_d = U_{d0}\cos\gamma - \dfrac{3X_c}{\pi} n I_d \\[2mm]
\varphi \approx \arccos\dfrac{U_d}{U_{d0}} \\[2mm]
P_{ac} = P_{dc} = U_d I_d \\[2mm]
Q_{dc} = Q_I = P_{ac}\tan\varphi
\end{cases}
\tag{5-1}
$$

式中,U_{d0} 为阀侧空载电压;n 为换流器桥数;k_T 为换流变压器的变比;U_d 为直流电压;γ 为逆变侧换相熄弧角;X_C 为等值换相电抗;I_d 为直流电流;φ 为换流器功率因数角;U_{ac} 为交流电压有效值。

由式(5-1)可以看出,在换流器过负荷运行时,仅通过减小熄弧角来升高直流电压从而提升的功率十分有限。故本节选择在整流器定电流控制侧添加紧急功率支援控制,按照等幅值阶梯式递增原则提升直流电流以进行功率支援,每次提升支援功率的 20%,功率提升信号如图 5-1 所示。附加紧急功率支援结构如图 5-2 所示,电流、电压和功率均取标幺值。

图中,I_{fault} 为故障线路电流信号,1 减去 I_{fault} 得出初

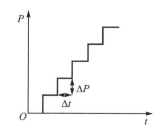

图 5-1 功率提升模块输出信号曲线

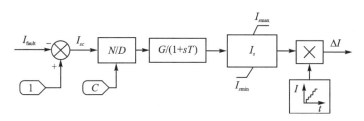

图 5 - 2　LCC - HVDC 附加紧急功率支援控制器

始电流支援信号 I_{sc}。C 为常数,C 与 I_{sc} 两者相除得出支援电流信号 I_s。C 的取值可以为 1
或者 $I_{sc}/0.5$,C 为 1 时,I_{sc} 与 I_s 相同,表明 LCC - HVDC 在 1.5 倍以内的过负荷范围内运
行;C 为 $I_{sc}/0.5$ 时,表明 LCC - HVDC 以最大 1.5 倍过负荷能力运行。I_s 与阶梯提升信号
相乘,得出附加控制器输出的直流电流增量信号,稳态时该信号为零,附加控制器不起作用,故
障下该信号与非故障 LCC - HVDC 整流侧定电流指令叠加,经直流的极控制环节发送触发信
号指令给阀控单元,从而实现功率支援。为避免紧急功率支援控制器不必要的误动作,限幅环
节设定为功率的 $\pm 5\%$。

5.1.2　VSC - HVDC 紧急功率支援附加控制器设计

由于 VSC - HVDC 可独立控制有功功率和无功功率,故 VSC - HVDC 在参与紧急功率
支援时,既能提供有功功率支援,又能提供无功功率支援。

(1) VSC - HVDC 的紧急有功功率支援附加控制器

本节采用双闭环结构的 dq 解耦控制方法,外环控制器产生 d 轴和 q 轴的电流参考值,内
环控制器实现对电流参考值的跟踪控制,故可通过控制 d 轴和 q 轴电流来控制有功功率和无
功功率。dq 坐标系下的 VSC 数学模型为

$$\begin{cases} i_{sd}R + L\dfrac{\mathrm{d}i_{sd}}{\mathrm{d}t} = u_{sd} - v_d + \omega L i_{sq} \\ i_{sq}R + L\dfrac{\mathrm{d}i_{sq}}{\mathrm{d}t} = u_{sq} - v_q + \omega L i_{sd} \end{cases} \tag{5-2}$$

根据前馈补偿解耦控制和瞬时功率计算方法,将电网电压矢量以 d 轴定向,可得

$$\begin{cases} P = 1.5 u_s i_{sd} \\ Q = -1.5 u_s i_{sq} \end{cases} \tag{5-3}$$

基于柔性直流有功解耦控制回路设计的有功附加控制器如图 5 - 3 所示。实测故障直流
功率信号,通过附加紧急功率支援环节输出调制信号 P_{mod},并叠加到 d 轴的有功功率控制回
路的有功指令值上,增加 d 轴的有功参考电流,从而实现功率的紧急提升。

在实际进行紧急功率支援时,受其功率支援限制因素的影响,功率支援量并不一定等于调
制量。

(2) VSC - HVDC 的紧急无功功率支援附加控制器

以 LCC - HVDC 逆变站为例,无功功率交换示意图如图 5 - 4 所示。

由式(5 - 1)计算出有功功率和无功功率的表达式为

$$P_{dc} = U_d I_d = \frac{3\sqrt{2}}{\pi} n k_T U_{ac} \cos\gamma I_d - \frac{3X_c}{\pi} n I_d^2 \tag{5-4}$$

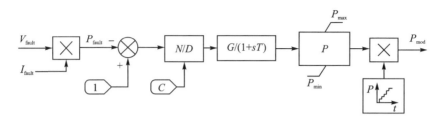

图 5 - 3 　 d 轴附加紧急功率支援结构

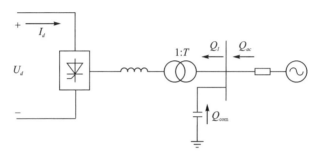

图 5 - 4 　 换流站无功功率交换示意图

$$Q_{dc} = Q_I = P_{dc} \tan\varphi = P_{dc} \tan\left(\arccos\frac{U_d}{U_{d0}}\right)$$

$$= P_{dc}\frac{\sqrt{U_{d0}^2 - U_d^2}}{U_d} = P_{dc}\sqrt{\left(\frac{U_{d0}}{U_d}\right)^2 - 1} \qquad (5-5)$$

$$= P_{dc}\sqrt{\left(\frac{1.35nk_TU_{acI}}{1.35nk_TU_{acI}\cos\gamma - 0.96nI_d}\right)^2 - 1}$$

其中，U_{acI} 为逆变侧交流电压有效值，令

$$N = \frac{Q_I}{P_{dc}} = \sqrt{\left(\frac{1.35nk_TU_{acI}}{1.35nk_TU_{acI}\cos\gamma - 0.96nI_d}\right)^2 - 1} \qquad (5-6)$$

$$\Delta Q = Q_{dc\_(I_d + \Delta I)} - Q_{dc\_I_d} \qquad (5-7)$$

由式(5 - 6)知，N 与 Q_I、P_{dc} 成非线性关系，随着 I_d 的增加，N 呈非线性增加趋势。其中，ΔQ 为 LCC - HVDC 功率提升时增加的无功功率消耗量，即所需要的无功功率补偿值，具体参数设置如表 5 - 1 所列。

表 5 - 1 　 LCC - HVDC 逆变站主要参数

参　数	U_d	I_d	U_{acI}	k_T	n	X_C	γ
取　值	500 kV	2 kA	230 kV	0.91	2	13.32 Ω	15°

如图 5 - 5 所示，根据 LCC - HVDC 换流站的无功功率特性，将 LCC - HVDC 在提升功率时的无功功率变化量转换为交流电压补偿值，将其附加至 VSC - HVDC 的逆变器外环无功功率类控制环节，利用 VSC - HVDC 的无功快速调节能力，提升受端交流系统的无功支撑能力。以下为具体的紧急无功功率支援策略：

① 根据式(5 - 7)获取无功功率的补偿量 ΔQ，经过含限幅功能的比例积分(proportional

integral，PI)环节得到 ΔU，该补偿量即为交流电压补偿量，将其附加至逆变侧外环无功控制环节，在故障情况下，输出相应的 ΔU。

② 基于原有的无功电流计算，得出增加补偿量 ΔU 后的无功电流参考值 i_{q_ref}，使 VSC - HVDC 子系统向交流系统提供更多的无功功率以维持暂态情况下逆变侧交流母线电压稳定，但不能超过无功功率的最大限幅值。

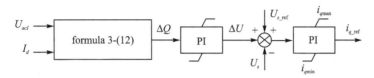

图 5 - 5   VSC - HVDC 紧急无功调节控制图

需要特别说明的是，本节设计的所有附加控制器旨在系统出现功率缺额后充分利用未故障直流回路的快速调控能力来改善混合多馈入直流输电系统的暂态稳定性，并且每回直流的功率调制受各自调控信号决定，均可独立运行互不影响，也可协调配合运行，共同提高系统的稳定性，并保证有功功率提升量都在换流器过负荷范围内。

5.1.3   LCC - HVDC 与 VSC - HVDC 的紧急功率支援协调控制思路

紧急功率支援下的功率分配实质上就是潮流转移对支援效果的影响，不合理的功率分配会恶化系统的稳定性。混合多馈入直流紧急功率支援涉及两个核心问题，其一是如何设计紧急功率支援附加控制器实现故障功率平稳转移，其二是支援功率的分配策略，即如何实现常规直流与柔性直流的协调控制与功率分配，并进行紧急无功功率提升配合。

若系统缺额功率较小，此时，电压波动不大，若优先提升 VSC - HVDC 功率，可能因需要提升的功率小于其无功调节死区而无法提升功率。若优先提升 LCC - HVDC 功率，不仅可以保留动态无功储备，而且还可以提高系统应对后续无功冲击的能力。因此，需要提升功率较小时(本节 LCC - HVDC 额定直流功率为 1 000 MW，通过逐次设定功率缺额值并进行仿真实验，本节整定为直流闭锁时的最大功率缺失量为 15%)，可优先提升 LCC - HVDC 功率。若系统缺额功率超过整定值且不超过 VSC - HVDC 的最大过负荷能力时，可优先提升 VSC - HVDC 功率。若单独提升两者功率均不能使系统稳定，则需要考虑两者协调配合运行。此外 VSC - HVDC 自身发生故障时，若系统中存在其他 VSC - HVDC 系统，则优先提升 VSC - HVDC 系统功率，反之则提升 LCC - HVDC 系统功率。若有功功率无法提升达到指令值时，可增加无功功率协调控制，增加 VSC - HVDC 发出的无功功率，向 LCC - HVDC 逆变站提供紧急无功功率支撑。

本节负荷模型采用以多项式模型为主并且考虑频率项的静态负荷模型，负荷功率采用式(5 - 8)计算：

$$\begin{cases} P_L = \displaystyle\sum_{i=1}^{m} P_0 \left[P_Z \left(\dfrac{U}{U_0} \right)^2 + P_I \left(\dfrac{U}{U_0} \right) + P_P \right] \left(1 + K_{DP} \dfrac{f - f_0}{f} \right) \\ Q_L = \displaystyle\sum_{i=1}^{m} Q_0 \left[Q_Z \left(\dfrac{U}{U_0} \right)^2 + Q_I \left(\dfrac{U}{U_0} \right) + Q_P \right] \left(1 + K_{DQ} \dfrac{f - f_0}{f} \right) \end{cases} \qquad (5 - 8)$$

式中，P_Z 为恒阻抗项有功功率比例系数；P_I 为恒电流项有功功率比例系数；P_P 为恒功率项有功功率比例系数；U 为当前电压值；U_0 为初始电压值；Q_Z、Q_I、Q_P 为各无功功率比例系数，且

$$\begin{cases} P_Z + P_I + P_P = 1 \\ Q_Z + Q_I + Q_P = 1 \\ K_{DP} = 1 \\ K_{DQ} = -1 \end{cases} \tag{5-9}$$

式中，K_{DP}、K_{DQ} 为负荷频率因子，即负荷功率随频率变化的系数。

假设系统无旋转备用并忽略系统损耗，考虑发电机调频增量 P_{pf} 及负荷调节效应 ΔP_L，K_G 为发电机单位调节功率。假设直流故障后系统有功功率缺额为平衡功率 $P_{balance}$，则系统中所需紧急功率支援的量 P 为

$$\begin{cases} P = P_{balance} - P_{pf} - \Delta P_L \\ P_{pf} = K_G(f - f_0) \end{cases} \tag{5-10}$$

根据以上设置的调制优先级和功率支援量，可设计如下协调控制策略：

① 若支援量低于门槛值，优先提升 LCC - HVDC 功率进行紧急功率支援，则支援量 P_{LCC} 按式(5-10)计算。

② 若支援量超过门槛值但不超过 VSC - HVDC 的最大过负荷能力，优先提升 VSC - HVDC 进行紧急功率支援，则支援的量 P_{VSC} 按式(5-10)计算。

③ 若支援量超过 VSC - HVDC 的最大过负荷能力，需要 LCC - HVDC 共同参与来维持功率平衡，则 LCC - HVDC 参与功率支援量为

$$P_{LCC} = P - P_{VSC} \tag{5-11}$$

其中，P_{LCC} 为 LCC - HVDC 支援量；P_{VSC} 为 VSC - HVDC 支援量。

④ 若 VSC - HVDC 与 LCC - HVDC 的功率支援总量还不能够使恢复系统稳定，则需要追加切机切负荷措施，切机切负荷量为

$$P_{shed} = P - \Delta P_{LCC} - \Delta P_{VSC} \tag{5-12}$$

⑤ LCC - HVDC 在提升功率时，需要 VSC - VDC 提供紧急无功功率支撑。

在实际工况运行下，可以预估各直流需要提升的功率，然后与本协调策略计算的功率做比较，使功率在合理的范围内提升，保证换流器在正常过负荷范围内运行。以上协调控制策略流程图如图 5-6 所示。

5.1.4　混合多馈入直流系统紧急功率支援控制仿真验证分析

为验证本节所提出的紧急功率支援方案，建立如图 5-7 所示的基于 PSCAD/EMTDC 的电磁暂态模型。

基于该仿真模型，展开如下仿真研究：① 基于常规直流附加控制的直流功率支援验证；② 基于柔性直流附加控制的直流功率支援验证；③ 常规直流和柔性直流协调控制验证。其中，为防止直流功率提升过快而发生换相失败，经多次仿真实验，设定提升速率为 4～5 pu/s。

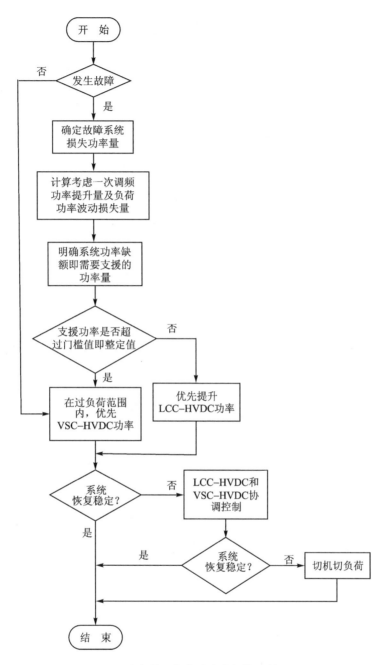

图 5 - 6 混合多馈入紧急功率支援协调控制流程图

1. LCC - HVDC 优先进行紧急功率支援验证

设置 5 s 时刻,LCC - HVDC1 输送的直流功率变化量为 $\Delta P = -200$ MW,如图 5 - 8 所示。此时,由于系统缺额功率低于阈值,可选择 LCC - HVDC 或者 VSC - HVDC 单独进行功率支援。图 5 - 9 和图 5 - 10 给出了常规直流支援或柔性直流支援下的仿真结果。

图 5 - 8 所示的紧急功率支援量为减去发电机的一次调频量和负载功率变化量所得出的值。负载功率变化也可以从仿真中得出,在这里并未给出负荷功率变化的仿真波形,后面的案

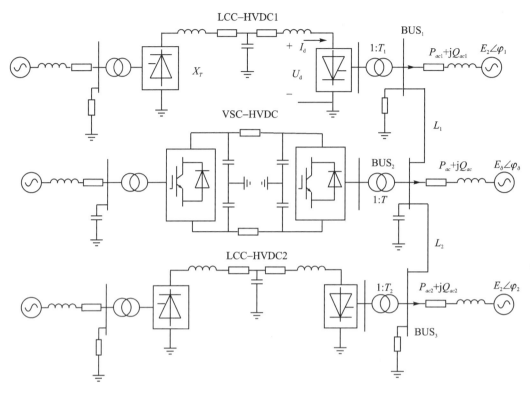

图 5-7　混合三馈入直流输电系统

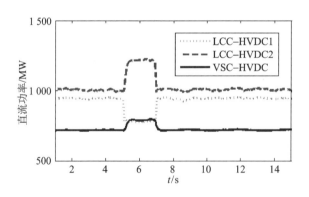

图 5-8　每条直流线路传输的功率

例亦是如此。从图 5-9(a) 可以看出,当在 LCC-HVDC 单独进行有功功率紧急支援时,换流站母线电压水平有所降低,这是因为 LCC-HVDC 在提升有功功率时会消耗无功功率。在不超过其换流站容量的情况下,增加其无功功率输出,可有效提升换流站母线电压水平。从图 5-9(b)～(d) 可以看出,当系统功率损失量相对较小时,它不会引起发电机的功角和系统的频率大幅度偏移。LCC-HVDC 或 VSC-HVDC 单独进行紧急功率支援时,在抑制功角振荡方面,LCC-HVDC 要比 VSC-HVDC 支援效果好。故可说明,在需要紧急支援的功率不超过门槛值时,可优先提升 LCC-HVDC 的功率。

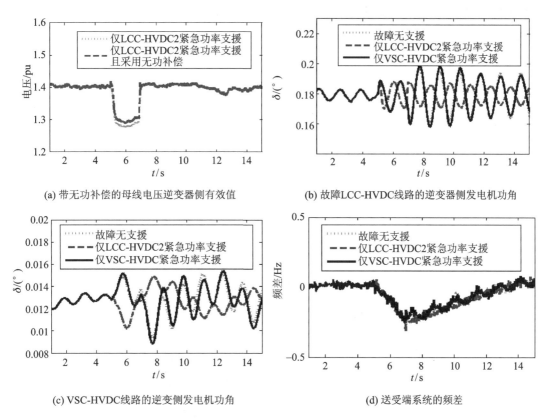

(a) 带无功补偿的母线电压逆变器侧有效值　　　(b) 故障LCC-HVDC线路的逆变器侧发电机功角

(c) VSC-HVDC线路的逆变侧发电机功角　　　　(d) 送受端系统的频差

图 5 - 9　LCC - HVDC 附加控制器仿真波形

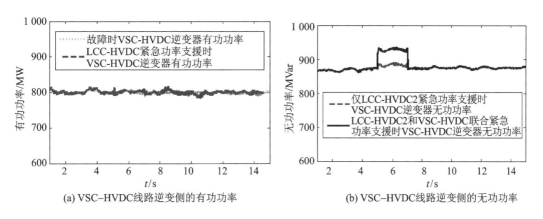

(a) VSC–HVDC线路逆变侧的有功功率　　　　(b) VSC–HVDC线路逆变侧的无功功率

图 5 - 10　VSC - HVDC 逆变侧的有功和无功功率

图 5 - 10 给出了 VSC - HVDC 逆变侧交流系统的有功功率和无功功率,可以明显看出,如果系统功率损耗量很小,则受端交流系统的有功功率几乎不会波动,并且无功功率略有增加。当仅 LCC - HVDC2 参与紧急功率支援时,VSC - HVDC 可以提供紧急无功功率支援。

2. VSC - HVDC 优先进行紧急功率支援验证

设置 5 s 时刻,LCC - HVDC1 输送的直流功率变化量为 $\Delta P = -500$ MW,如图 5 - 11 所示。缺额功率超过门槛值但不超过单条直流线路的最大过负荷能力值时,可选择柔性直流单独进行功率支援。为验证在此情况下柔性直流支援的优先权,图 5 - 12 和图 5 - 13 给出了选择常规直流支援或柔性直流支援下的仿真结果。

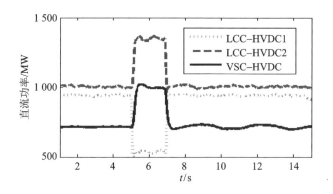

图 5 - 11　每条直流线路传输的功率

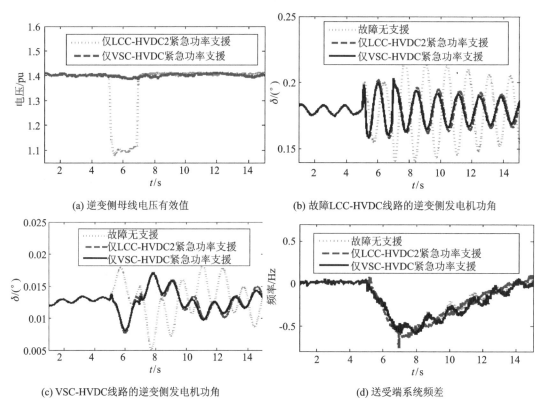

(a) 逆变侧母线电压有效值

(b) 故障LCC-HVDC线路的逆变侧发电机功角

(c) VSC-HVDC线路的逆变侧发电机功角

(d) 送受端系统频差

图 5 - 12　VSC - HVDC 附加控制器仿真波形

由图 5 - 12(a)中可以明显看出,在功率支援量超过阈值时,可以优先提升 VSC - HVDC 的功率,以减小对母线电压的影响。由图 5 - 12(b)~(c)可以看出,系统缺失功率较大时,发电机功角振荡偏大,两种紧急功率支援方式均能减小发电机功角振荡,但从仿真曲线看,VSC - HVDC 支援的效果要优于 LCC - HVDC。由图 5 - 12(d)可以看出,频率的波动超过允许值时,从维持频率稳定性的角度来看,优先提升 VSC - HVDC 的功率要比 LCC - HVDC 更好。但由于本节的紧急功率支援信号是电流(功率)信号而不是频差信号,因此紧急功率支援控制器在抑制频率波动方面效果较差。综合比较,在缺额功率超过阈值且不超过其过负荷能力值,并选择电流信号作为紧急功率支援信号时,可优先提升 VSC – HVDC 功率。

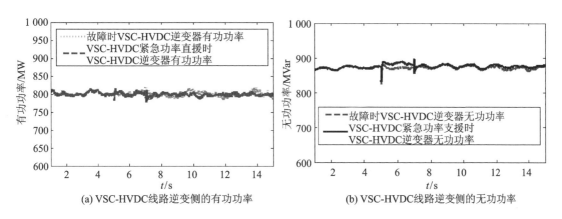

(a) VSC-HVDC 线路逆变侧的有功功率 　　　 (b) VSC-HVDC 线路逆变侧的无功功率

图 5 – 13　VSC – HVDC 逆变侧的有功和无功功率

从图 5 – 13 可以看出,电网在出现较大功率缺失时,VSC – HVDC 的紧急功率支援附加控制器动作,在紧急状态下提升功率,对抑制 VSC – HVDC 逆变侧的有功功率波动也有一定作用。同时,由于 VSC – HVDC 能独立调节无功功率,因此在故障期间能够根据系统的需要调节无功功率发出或吸收的量。

3. LCC – HVDC 和 VSC – HVDC 共同进行紧急功率支援验证

设置 5 s 时刻,LCC – HVDC1 发生如直流闭锁等形式的严重故障,输送的功率降为 0,如图 5 – 14 所示。由于缺额功率超过单条直流线路的最大过负荷能力值,因此必须采取 LCC – HVDC 和 VSC – HVDC 协调控制的紧急功率支援,图 5 – 15 和图 5 – 16 给出了常规直流和柔性直流协调控制下的仿真结果。

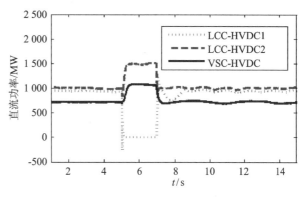

图 5 – 14　每条直流线路传输的功率

由图 5 – 15 可以发现,在需要支援的功率超出单条直流的过负荷能力的情况下,两种有功附加控制器均动作,在紧急状态下提升功率,弥补系统损失的功率量。图 5 – 15(a)为受端母线电压变化曲线,从图中可以看出,在 LCC – HVDC 提升直流功率期间,消耗无功功率造成母线电压降低,此时 VSC – HVDC 紧急无功附加控制器动作,向受端提供无功功率补偿减小母线电压降落。图 5 – 15(b)~(c)为发电机功角变化曲线,在采用紧急功率支援后,它能快速平稳地过渡到稳定状态。送受端频差可以很好地反映系统的频率稳定状态,从图 5 – 15(d)可以看出在采用紧急功率控制后,系统的频率波动相对故障期间有所降低。

由图 5 – 16 可以看出,在功率损失量超过直流系统的过负荷能力时,两种有功附加控制器动作后可有效抑制 VSC – HVDC 逆变侧交流系统的有功功率波动,同时无功附加控制器动

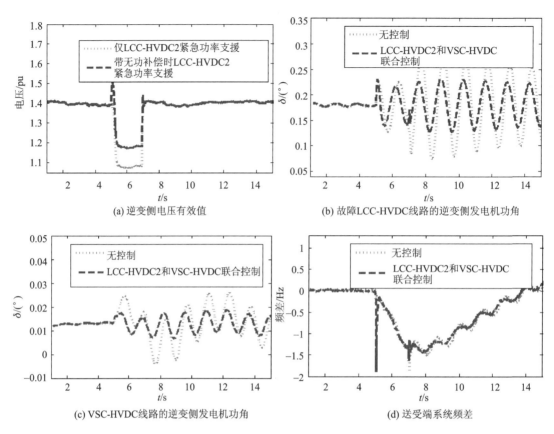

图 5 - 15　LCC - HVDC 和 VSC - HVDC 共同添加附加控制器仿真波形

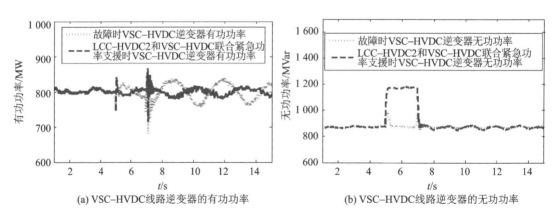

图 5 - 16　VSC - HVDC 逆变侧的有功和无功功率

作,增加无功输出,反映在图 5 - 16(a)上即减小了交流母线电压的下降量。

　　从以上分析可以看出,本节设计的附加控制器能使 LCC - HVDC 和 VSC - HVDC 最大限度地利用自己的过负荷能力来承担故障线路功率缺额,并且制定的紧急功率支援策略能合理地平衡紧急有功功率支援和紧急无功功率支援之间的关系。

5.2　混合多馈入直流输电系统的协调附加阻尼控制

　　随着电力系统的构成日益复杂,低频振荡已成为威胁电力系统安全运行的一个重要因素。抑制电力系统低频振荡的关键在于阻尼,现代控制理论的发展为设计阻尼控制器提供了多种选择。与紧急功率支援刚好相反,直流阻尼调制的直流功率量较小,属于直流小方式调制。直流小方式调制输出的信号为电流或功率信号,一般用于向系统提供阻尼来抑制系统在小干扰情况下出现的振荡,从而提高系统的动态稳定性,其调制量在通常情况下为直流功率的 3% ～10%。为了提高附加阻尼控制器的适应性和抗干扰能力,并找出相对简单的控制规律,本节通过 TLS－ESPRIT 辨识出低频振荡特性,并基于扇形区域极点配置设计了混合鲁棒 H_2/H_∞ 控制器,同时提出了抑制低频振荡的控制敏感点确定方法,以期提高系统的阻尼来抑制低频振荡。

5.2.1　基于 TLS－ESPRIT 辨识的低频振荡特性分析

　　关于电力系统低频振荡的特性分析已有许多成熟的研究方法,包括基于模态分析的低频振荡模态分析、基于量测信号的低频振荡特性分析以及基于概率小干扰稳定性的低频振荡特性分析。模态分析法是研究电力系统低频振荡的经典方法之一,又被称为特征值分析法。每个模态都有特定的模态参数,即阻尼比、振荡频率和振型。为了抑制低频振荡,首先要准确得到低频振荡的模态,系统辨识即是得到系统振荡模态的一个重要手段。本节采用鲁棒性较强的 TLS－ESPRIT 算法来实现对低频振荡模态的精确辨识。

1. TLS－ESPRIT 辨识基本原理

　　TLS－ESPRIT 是对 ESPRIT 算法的改进,它是一种基于子空间的高分辨率的信号分析方法,但并不擅长识别时变信号。ESPRIT 的原理是通过对数据进行采样来计算信号的旋转因子,TLS 的引入可以增强 ESPRIT 算法的数值鲁棒性,与 Prony 算法相比,它可以更好地处理测量噪声并具有较低的计算要求,特别适用于大系统、小扰动情况下的振荡特性分析和模型辨识。TLS－ESPRIT 算法包含以下步骤:

　　① 采样的低频振荡信号可以表示为幅值呈指数变化的衰减正弦信号和白噪声的组合,采样时间为 t 的信号模型为

$$x(n) = \sum_{k=1}^{P} a_k e^{j\theta_k} e^{(-\sigma_k + j\omega_k)nT_s} + \omega(n) \tag{5-13}$$

其中,P 是实际正弦波分量数的 2 倍,并且它还表示模式阶数;$a_k, \theta_k, \sigma_k, \omega k$ 分别是第 k 个衰减正弦分量的幅度、初始相位、衰减系数、角频率。T_s 为采样周期;$\omega(t)$ 为高斯白噪声,其均值为 0。

　　② 对于采样原始序列 $X(t)$,构造 Hankel 矩阵 $\boldsymbol{X}$,即

$$\boldsymbol{X} = \begin{bmatrix} x(0) & x(1) & \cdots & x(M-1) \\ x(1) & x(2) & \cdots & x(M) \\ \vdots & \vdots & \ddots & \vdots \\ x(L-1) & x(N-L) & \cdots & x(N-1) \end{bmatrix} \tag{5-14}$$

其中,L 是数据记录或快照的数量;M 是时间窗口长度。另外,$L>P,K>P,L+M-1=N$。

③ 对 X 进行奇异值分解(SVD),将 X 分为信号子空间和噪声子空间,如式(5-15)所示:

$$X=U\Lambda V^{H}=\begin{bmatrix} U_{S} & U_{N} \end{bmatrix}\begin{bmatrix} \sum_{S} & \mathbf{0} \\ \mathbf{0} & \sum_{N} \end{bmatrix}\begin{bmatrix} V_{S}^{H} \\ V_{N}^{H} \end{bmatrix} \tag{5-15}$$

其中,下标 S 和 N 分别对应于信号子空间和噪声子空间,根据奇异值的大小对信号子空间和噪声子空间进行分类。上标 H 表示共轭转置,即 $U^{H}U=I$,$V^{H}V=I$,Λ 的主对角元是 X 的奇异值,U 是 $K\times K$ 的酉矩阵,V 是 $K\times L$ 的酉矩阵。

④ 由于信号子空间的旋转不变性,它可以分为两个交错子空间,且必须有可逆的对角矩阵 Ψ 才能使式(5-16)成立。

$$V_{S}=\begin{bmatrix} V_{1} \\ L \end{bmatrix}=\begin{bmatrix} L \\ V_{2} \end{bmatrix} \tag{5-16}$$

$$V_{2}=V_{1}\Psi$$

其中,V_{1} 是通过移除最后一行 V_{S} 而获得的矩阵;V_{2} 是通过移除第一行 V_{S} 而获得的矩阵。

然后,构造矩阵 V,对矩阵 V 进行奇异值分解,得到矩阵 V_{t}:

$$V=\begin{bmatrix} V_{1} & V_{2} \end{bmatrix}$$

$$V_{t}=\begin{bmatrix} V_{11} & V_{12} \\ V_{21} & V_{22} \end{bmatrix} \tag{5-17}$$

其中,矩阵 V_{t} 被划分为四个矩阵块 $P\times P$ 和 $\Psi=-V_{12}V_{22}^{-1}$。

⑤ 通过求矩阵 Ψ 的特征值 $\lambda_{k}(k=1,2,3,\cdots,P)$,可通过式(5-18)计算频率 f_{k}、阻尼因子 σ_{k} 和阻尼比 ξ_{k}:

$$\begin{cases} f_{k}=\dfrac{\arctan\dfrac{\mathrm{Im}\,\lambda_{k}}{\mathrm{Re}\,\lambda_{k}}}{2\pi T_{s}} \\[4mm] \sigma_{k}=-\dfrac{\ln|\lambda_{k}|}{T_{s}} \\[4mm] \xi_{k}=\dfrac{-\sigma_{k}}{\sqrt{\sigma_{k}^{2}+(2\pi f_{k})^{2}}} \end{cases} \tag{5-18}$$

⑥ 用最小二乘法得到振幅和初始相位角的信息。根据 N 点采样信号,有

$$H=\lambda_{b}\times Y \tag{5-19}$$

其中,$H=[x(0),x(1),\cdots,x(N-1)]^{T}$,$Y=[Y_{1},Y_{2},\cdots,Y_{k}]^{T}$ 以及

$$\lambda_{b}=\begin{bmatrix} 1 & 1 & \cdots & 1 \\ \lambda_{1} & \lambda_{2} & \cdots & \lambda_{k} \\ \vdots & \vdots & \ddots & \vdots \\ \lambda_{1}^{N-1} & \lambda_{2}^{N-1} & \cdots & \lambda_{k}^{N-1} \end{bmatrix} \tag{5-20}$$

再次采用最小二乘法可求得式(5-19)的解,即

$$Y=(\lambda_{b}^{H}\lambda_{b})^{-1}\lambda_{b}^{H}H \tag{5-21}$$

最后可得振幅 a_{k} 和初始相位 θ_{k}

$$
\begin{cases}
a_k = 2\,|Y_k| \\
\theta_k = \arctan\left(\dfrac{\mathrm{Im}(Y_k)}{\mathrm{Re}(Y_k)}\right)
\end{cases} \tag{5-22}
$$

2. 低频振荡辨识结果及特性分析

鲁棒控制器的设计需要确切的数学模型,要想求取控制器的参数,必须获得被控对象的线性化模型。采用如图 5-17 所示的混合双馈入直流多落点模型进行振荡特性辨识,该模型共包含两个等值系统和三个发电厂,LCC - HVDC 送端为 345 kV 等值系统,VSC - HVDC 送端为 230 kV 等值系统,受端的三个发电厂均开一台发电机,发电机模型带调速和励磁系统。

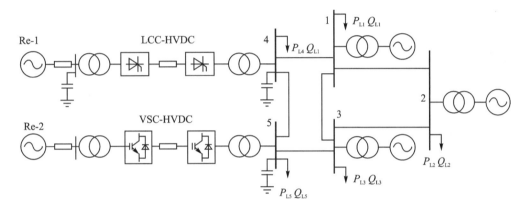

图 5-17　混合双馈入直流多落点系统

在系统进入稳态后对其施加不破坏系统线性化的小扰动激励,本节选择对 LCC - HVDC 施加 0.02 pu 倍的功率扰动作为输入信号,然后对得到的时域仿真数据进行采样,取各发电机的转子角速度偏差信号作为输出,利用 TLS - ESPRIT 算法对其进行低频振荡特性辨识。辨识出的低频振荡模态如表 5-2 所列。

表 5-2　混合双馈入直流多落点系统振荡模态

	振荡模态	特征值	振荡频率/Hz	阻尼比 ξ/%
ω_{13}	模态 1	0.116 3 + i10.101 1	1.607 6	−1.15
	模态 2	−0.342 4 + i7.348 3	1.169 5	4.65
	模态 3	−0.678 36 + i3.038 52	0.483 6	21.79
ω_{12}	模态 1	0.250 4 + i10.240 8	1.629 9	−2.44
	模态 2	−0.314 6 + i7.339 2	1.168 1	4.28
	模态 3	−0.591 5 + i2.978 3	0.474 0	19.48
ω_{23}	模态 1	−0.060 8 + i10.669 4	1.698 1	0.57
	模态 2	−0.106 3 + i7.350 5	1.169 9	1.45
	模态 3	−0.619 6 + i2.948 6	0.496 3	20.56

由表 5-2 可知,系统主要参与 1.60 Hz 和 1.16 Hz 左右的局部振荡模式,且阻尼比近似于 0,均属于需要抑制的弱阻尼振荡模式,在此称其为主振模。0.5 Hz 左右区域间振荡模式

的阻尼比略大于局部振荡模式。加设 Butterworth 带通滤波器,其频率范围为 0.8～1.7 Hz,以发电机 1 和 3 的转子角速度偏差为辨识目标,再次利用 TLS‑ESPRIT 算法进行辨识,得到被控系统的 6 阶传递函数 $G(s)$ 为

$$G(s) = \frac{-0.002\,4s^6 + 0.071\,0s^5 + 0.125\,4s^4 + 0.058\,0s^3 + 1.728\,9s^2 + 0.127\,6s}{s^6 + 2.635\,3s^5 + 66.652\,1s^4 + 125.247\,5s^3 + 624.277\,9s^2 + 649.476\,8s + 165.327\,7}$$

由零极点分布图 5‑18 可知,被控系统传递函数 $G(s)$ 的开环极点全部位于虚轴左半平面且靠近虚轴处,说明系统虽然稳定但极易在受到扰动后引发振荡,需要进行区域极点配置来增强系统的稳定性。

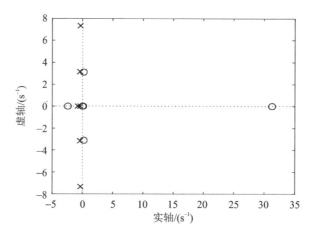

图 5‑18 $G(s)$ 的零极点分布图

5.2.2 混合多馈入直流多落点系统控制敏感点确定

不同于仅有一条 HVDC 的系统,若要抑制低频振荡只对唯一的直流系统添加附加阻尼控制器即可。文献[98]、[99]指出,在多直流输电系统中,附加阻尼控制器对振荡的抑制效果与直流线路在系统中所处的位置有关。尤其对于 HMIDC 系统而言,存在两种不同类型的直流系统,更加需要确定附加阻尼控制器的安装位置。因此,需要选择对某种振荡模态最为敏感的直流线路作为附加阻尼控制器的安装地点,即控制敏感点。根据控制目标确定的控制敏感点是否合适则决定了直流调制的效果能否达到预期。本节选择利用控制敏感因子来选择控制敏感点,定义直流控制敏感因子为

$$\rho = \frac{R}{\Delta P} \tag{5-23}$$

其中,R 为振荡模态 M 对应频率的幅值;ΔP 为各条直流功率指令值处施加的功率扰动。可以认为,控制敏感因子大的直流线路对抑制该振荡模态的效果优于其他直流线路。以发电机 1 和 3 为例,具体求取步骤如下:

① 对各条直流添加大小为 ΔP 的功率冲击扰动,通过 TLS‑ESPRIT 辨识出系统的主振模态 M,并测出强相关机组间的转子角速度变化量 $\Delta\omega$。

② 再次使用 TLS‑ESPRIT 辨识转子角速度变化曲线 $\Delta\omega$,找出振荡模态 M 对应的幅值 R,然后根据式(5‑23)计算控制敏感因子,控制敏感因子较大的直流线路为附加阻尼控制器的安装位置。

③ 若系统含有多个主振模态,重复上述步骤,求出各振荡模态的控制敏感点。

分别在 LCC - HVDC 和 VSC - HVDC 的功率指令值处施加 50 MW 的功率扰动,并取出扰动前后的 $\Delta\omega$ 的时域仿真数据,根据 $\Delta\omega$ 辨识出的不同扰动下的振荡频率和振荡幅值如表 5 - 3 所列。

表 5 - 3 不同扰动下的辨识结果

扰动情况	主振频率/Hz	振荡幅值/pu
LCC - HVDC	1.604 9	$1.048\ 9\times10^{-6}$
	1.169 8	$2.494\ 9\times10^{-4}$
	0.771 8	$1.929\ 6\times10^{-6}$
VSC - HVDC	1.597 3	$3.335\ 4\times10^{-6}$
	1.161 5	$2.649\ 2\times10^{-4}$
	0.819 8	$4.387\ 2\times10^{-6}$

由表 5 - 3 可见,无论对哪个主振频率而言,VSC - HVDC 的控制敏感因子均大于 LCC - HVDC 的控制敏感因子,可以得出在 VSC - HVDC 添加直流附加阻尼控制器对混合多馈入直流多落点系统的受端低频振荡抑制效果要优于 LCC - HVDC。

5.2.3 基于区域极点配置的附加鲁棒控制器的设计与实现

为了使闭环系统的性能指标达到设定的目标,通常需要设计一个控制器(即补偿器)以将闭环系统的极点配置在复平面上的指定位置。区域极点配置法可以实现对低频振荡的近似均匀阻尼控制,并且具有较强的鲁棒性。

1. 混合 H_2/H_∞ 控制理论

采用易于测量的输出信号作为反馈信号来设计控制器,无须设计复杂的状态观察器,且可以轻松设计相应的控制器。因此,本节使用输出反馈控制器在适当的区域中配置极点。考虑具有附加误差的广义反馈控制系统,如图 5 - 19 所示。

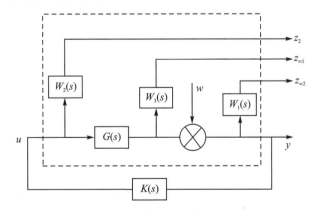

图 5 - 19 加性误差广义控制对象图

其中,$G(s)$ 为被控对象的传递函数;$K(s)$ 为需要设计的控制器;x、u 和 y 分别是状态变量、控制变量和输出变量;w 为干扰输入,代表系统的不确定因素;$W_i(s)(i=1,2,3)$ 为权函数；输出通道 $z_{\infty i}(i=1,2)$ 与 H_∞ 性能相关，通道 z_2 与 H_2 性能相关。被控系统 $G(s)$ 状态空间模型为

$$\begin{cases} \dot{x}(t)=\boldsymbol{A}x(t)+\boldsymbol{B}_1w(t)+\boldsymbol{B}_2u(t) \\ z_\infty(t)=\boldsymbol{C}_1x(t)+\boldsymbol{D}_{11}w(t)+\boldsymbol{D}_{12}u(t) \\ z_2(t)=\boldsymbol{C}_2x(t)+\boldsymbol{D}_{21}w(t)+\boldsymbol{D}_{22}u(t) \\ y(t)=\boldsymbol{C}_3x(t)+\boldsymbol{D}_{31}w(t)+\boldsymbol{D}_{32}u(t) \end{cases} \tag{5-24}$$

其中，$\boldsymbol{A}$、$\boldsymbol{B}$、$\boldsymbol{C}$ 和 $\boldsymbol{D}$ 都是式(5-24)的参数矩阵，$\boldsymbol{z}_\infty=[z_{\infty 1} \quad z_{\infty 2}]^\mathrm{T}$。令要设计的输出反馈控制器 $K(s)$ 具有以下状态空间的形式：

$$\begin{cases} \boldsymbol{x}_k=\boldsymbol{A}_k\boldsymbol{x}_k(t)+\boldsymbol{B}_ky_k(t) \\ y(t)=\boldsymbol{C}_k\boldsymbol{x}_k(t) \end{cases} \tag{5-25}$$

其中，$\boldsymbol{x}_k$ 是状态变量向量；$\boldsymbol{A}_k$、$\boldsymbol{B}_k$ 和 $\boldsymbol{C}_k$ 分别是 $K(s)$ 的状态矩阵、控制输入矩阵和输出矩阵。

将式(5-25)代入式(5-24)，得到控制器加入后闭环系统的状态空间模型

$$\begin{cases} \dot{x}_h(t)=\boldsymbol{A}_hx(t)+\boldsymbol{B}_hw(t) \\ z_\infty(t)=\boldsymbol{C}_{h1}x_h(t)+\boldsymbol{D}_{h1}w(t) \\ z_2(t)=\boldsymbol{C}_{h2}x(t)+\boldsymbol{D}_{h2}w(t) \end{cases} \tag{5-26}$$

式中

$$\begin{bmatrix} \boldsymbol{A}_h & \boldsymbol{B}_h \\ \boldsymbol{C}_{h1} & \boldsymbol{D}_{h1} \\ \boldsymbol{C}_{h2} & \boldsymbol{D}_{h2} \end{bmatrix} = \begin{bmatrix} A & B_2C_k & B_1 \\ C_3B_k & A_k+D_{32}B_kC_k & D_{31}B_k \\ C_1 & D_{12}C_k & D_{11} \\ C_2 & D_{22}C_k & 0 \end{bmatrix}, \quad \boldsymbol{x}_h=[x \quad x_k]^\mathrm{T}$$

本节设计的控制器 $K(s)$ 综合考虑了 H_2/H_∞ 性能，定义了 T_∞ 和 T_2 分别为 w 到 z_∞ 和 z_2 的闭环传递函数。输出反馈控制器 $K(s)$ 的设定目标如下：

（1）扇形区域极点配置

采用区域极点配置方法不仅能够适应系统模型的不确定性能和运行工况的变化，还可有效避免由于系统辨识模型的误差导致可能出现的单个主导极点配置不够准确的问题。垂直条状区域、圆形区域、圆锥扇形区域等都是经常使用的极点配置区域，这些区域在复平面上关于实轴对称，通常用线性矩阵不等式区域来描述，称为 LMI 区域。用具体的数学语言描述为：对于一个给定的 LMI 区域 D，存在矩阵 $\boldsymbol{L}\in\mathbf{R}^{m\times m}$ 和 $\boldsymbol{M}\in\mathbf{R}^{m\times m}$，满足：

$$D=\{s\in C : \boldsymbol{L}+s\boldsymbol{M}+\bar{s}\boldsymbol{M}^\mathrm{T}<0\} \tag{5-27}$$

其中，$\bar{s}$ 表示共轭复数；$\boldsymbol{M}^\mathrm{T}$ 表示转置矩阵。

选择如图 5-20 所示的阻尼比 ξ 大于 $\cos\theta$ 的圆锥扇形区域作为极点配置区域，其特征函数为

$$\boldsymbol{f}_D(z)=\begin{bmatrix} \sin\theta(s+\bar{s}) & \cos\theta(s-\bar{s}) \\ \cos\theta(s-\bar{s}) & \sin\theta(s+\bar{s}) \end{bmatrix}$$

对于状态矩阵 $\boldsymbol{A}_h$ 而言，其所有特征值位于区域 D 的充要条件是存在一个对称的正定矩阵 $\boldsymbol{X}$，满足以下线性矩阵不等式：

$$\boldsymbol{L}\otimes\boldsymbol{X}+\boldsymbol{M}\otimes(\boldsymbol{A}_h\boldsymbol{X})+\boldsymbol{M}^\mathrm{T}\otimes(\boldsymbol{A}_h\boldsymbol{X})^\mathrm{T}<0 \tag{5-28}$$

$\otimes$ 表示 Kronecher 乘法运算。式(5-24)所描述的闭环系统的极点均位于区域 D 的充要条件

是存在一个正定矩阵 $\boldsymbol{X}_1$，使得式(5-29)成立：

$$\begin{cases} \boldsymbol{A}_h \boldsymbol{X}_1 + \boldsymbol{X}_1 \boldsymbol{A}_h^{\mathrm{T}} + 2\alpha \boldsymbol{X}_1 < 0 \\ \begin{bmatrix} \sin\theta(\boldsymbol{A}_h \boldsymbol{X}_1 + \boldsymbol{X}_1 \boldsymbol{A}_h^{\mathrm{T}}) & \cos\theta(\boldsymbol{A}_h \boldsymbol{X}_1 - \boldsymbol{X}_1 \boldsymbol{A}_h^{\mathrm{T}}) \\ \cos\theta(\boldsymbol{X}_1 \boldsymbol{A}_h^{\mathrm{T}} - \boldsymbol{A}_h \boldsymbol{X}_1) & \sin\theta(\boldsymbol{A}_h \boldsymbol{X}_1 + \boldsymbol{X}_1 \boldsymbol{A}_h^{\mathrm{T}}) \end{bmatrix} < 0 \end{cases}$$

$$(5-29)$$

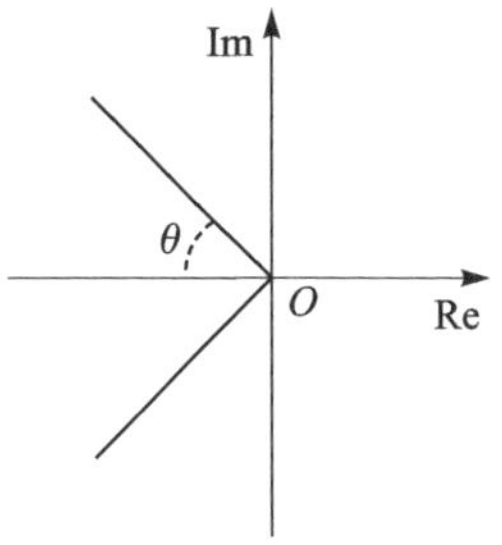

（2）H_∞ 性能

若 $\|T_\infty\|_\infty < \gamma$，其中 γ 为给定的正常数，即可保证式(5-24)所示的闭环系统对由 w 引入的不确定性满足与上界 γ 对应的鲁棒性能。根据有界实引理，存在对称的正定矩阵 $\boldsymbol{X}_2$，使得式(5-30)成立：

图 5-20　极点配置区域 D

$$\begin{bmatrix} \boldsymbol{X}_2 \boldsymbol{A}_h + \boldsymbol{A}_h^{\mathrm{T}} \boldsymbol{X}_2 & \boldsymbol{X}_2 \boldsymbol{B}_h & \boldsymbol{C}_{h1}^{\mathrm{T}} \\ \boldsymbol{B}_h^{\mathrm{T}} \boldsymbol{X}_2 & -\gamma \boldsymbol{I} & \boldsymbol{D}_{h1}^{\mathrm{T}} \\ \boldsymbol{C}_{h1} & \boldsymbol{D}_{h1} & -\gamma \boldsymbol{I} \end{bmatrix} < 0 \qquad (5-30)$$

（3）H_2 性能

为保证用 H_2 范数度量的系统的控制性能处于一个良好的水平，需满足 $\|T_2\|_2 < \eta$，其中 η 为给定的正常数。同理，存在对称的正定矩阵 $\boldsymbol{X}_3$ 和 $\boldsymbol{Q}$，使式(5-31)成立：

$$\begin{cases} \begin{bmatrix} \boldsymbol{X}_3 \boldsymbol{A}_h + \boldsymbol{A}_h^{\mathrm{T}} \boldsymbol{X}_3 & \boldsymbol{X}_3 \boldsymbol{B}_h \\ \boldsymbol{B}_h^{\mathrm{T}} \boldsymbol{X}_3 & -\boldsymbol{I} \end{bmatrix} < 0 \\ \begin{bmatrix} \boldsymbol{X}_3 & \boldsymbol{C}_{h2}^{\mathrm{T}} \\ \boldsymbol{C}_{h2} & \boldsymbol{Q} \end{bmatrix} \\ \mathrm{Trace}(\boldsymbol{Q}) < \eta^2 \end{cases} \qquad (5-31)$$

（4）多目标控制

联立式(5-29)、式(5-30)和式(5-31)，并令 $\boldsymbol{X}_1 = \boldsymbol{X}_2 = \boldsymbol{X}_3 = \boldsymbol{X}$，通过求解下列函数即可得到需要的控制器 $K(s)$：

$$\min_{K(s)} \{\alpha \|T_\infty\|_\infty + \beta \|T_2\|_2\} \qquad (5-32)$$

其中，α 和 β 分别为反映 H_∞ 性能和 H_2 性能的权重系数，且 $\alpha + \beta = 1$。采用 LMI 工具箱中的 hinfmix 函数进行 $K(s)$ 的参数计算，即可得到 $K(s)$ 的传递函数，也可将传递函数转换状态空间的形式。通过以上方法求出的控制器既能提高系统的阻尼，又兼具鲁棒性与最优性能，实现了控制器的综合性能最优。

2. 附加鲁棒控制器设计

在设计附加鲁棒控制器时需要选择适当的权函数，以使控制器的 H_∞ 和 H_2 性能满足预期要求。一般来说，权函数的阶数不宜选择过高，$W_1(s)$ 为低通特性，$W_2(s)$ 可设置为一个较小的常数，$W_3(s)$ 为高通特性且和 $W_1(s)$ 的频带不重叠。本节选择的权函数为

$$\begin{cases} W_1(s) = \dfrac{1}{s+100} \\ W_2(s) = 1 \\ W_3(s) = \dfrac{0.01s}{s+100} \end{cases} \qquad (5-33)$$

对于 $G(s)$ 而言,给定权函数后,选择阻尼比大于 25% 的极点配置区域,令式(5 - 32)的 $\alpha = \beta = 0.5$,且不设 γ 与 η 的限制,求得输出反馈控制器即附加阻尼控制器为

$$K(s) = \cfrac{\begin{aligned}&-107.28s^7 - 2.13\times10^4 s^6 - 1.04\times10^6 s^5 + 2.53\times10^6 s^4\\ &+ 5.09\times10^7 s^3 + 2.75\times10^8 s^2 + 2.68\times10^8 s + 6.62s\end{aligned}}{\begin{aligned}&+ s^8 + 212.85s^7 + 1.27\times10^4 s^6 + 1.50\times10^5 s^5 + 1.16\times10^6 s^4\\ &+ 4.09\times10^6 s^3 + 9.44\times10^6 s^2 + 7.08\times10^6 s + 1.66\times10^6\end{aligned}}$$

(5 - 34)

由式(5 - 34)可以看出,所求得的输出反馈控制器的阶数较高,不利于实际应用。本节采用基于 Hankel 奇异值分解的平衡截断模型降阶法对控制器进行降阶处理,得到 4 阶输出反馈控制器为

$$K_r(s) = \frac{-110.37s^3 + 532.95s^2 + 1.95\times10^3 s + 2.41\times10^4}{s^4 + 10.27s^3 + 80.86s^2 + 252.92s + 602.44}$$

(5 - 35)

输出反馈控制器降阶前后的 Bode 图对比如图 5 - 21 所示,从图中可以看出降阶前与降阶后的 Bode 图完全保持一致,说明降阶前后的控制器性能保持不变,降阶后的控制器 $K_r(s)$ 满足设计要求。

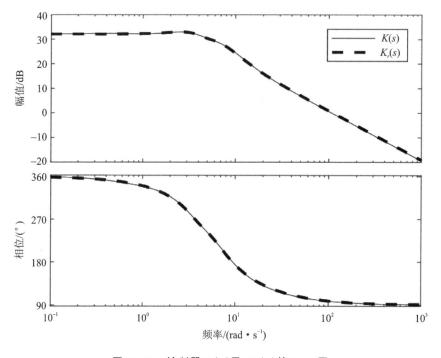

图 5 - 21　控制器 $K(s)$ 及 $K_r(s)$ 的 Bode 图

对于 LCC - HVDC 而言,附加阻尼控制器添加在整流侧定电流控制处,结构如图 5 - 22 所示。

对于 VSC - HVDC 而言,附加阻尼控制器安装在整流侧定有功功率控制处,结构图如图 5 - 23 所示。

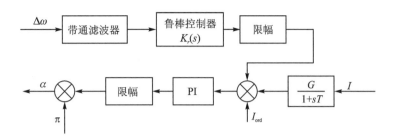

图 5 - 22　LCC - HVDC 附加鲁棒控制器结构

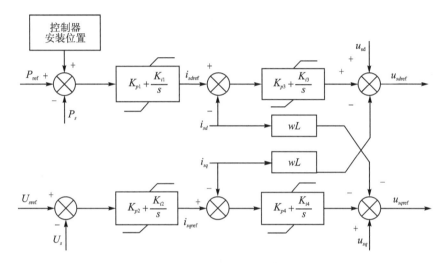

图 5 - 23　含附加阻尼控制器的 VSC - HVDC 解耦控制结构

5.2.4　仿真验证及分析

在 PSCAD/EMTDC 中搭建如图 5 - 17 所示的混合双馈入直流多落点系统模型,为验证控制敏感点选择的正确性及附加阻尼鲁棒控制器的控制效果,展开如下仿真研究:① 控制敏感点验证;② 控制效果及鲁棒性验证;③ 控制敏感点验证。

设置 2 s 时刻,节点 4 处发生单相接地故障,0.1 s 后故障清除。以发电机 1 和 3 的转子角速度偏差 $\Delta\omega_{13}$ 为控制目标,分别在无直流调制、LCC - HVDC 和 VSC - HVDC 添加附加阻尼控制器的情况下进行仿真,仿真结果如图 5 - 24 所示。

从图 5 - 24 可以看出,母线 4 在发生短路故障时,其电压降低,LCC - HVDC 受故障的影响较大,传输的直流功率降低。而 VSC - HVDC 则对故障不敏感,这也间接证明了 VSC - HVDC 馈入直流系统后可以提高系统的稳定性。同时从图中可以看出,LCC - HVDC 和 VSC - HVDC 的最大功率调制量均为 100 MW 左右。结合图 5 - 25 可以看出,VSC - HVDC 和 LCC - HVDC 附加阻尼控制均能降低首摆幅度和增加后续摆的阻尼,在一定程度上抑制了系统振荡。在相同功率调制量的情况下,VSC - HVDC 附加阻尼控制对后续摆的阻尼增加程度要优于 LCC - HVDC 附加阻尼控制,验证了控制敏感点选取的正确性。

为验证本节所设计的附加鲁棒阻尼控制器的阻尼效果及鲁棒性,将其与依据根轨迹校正原则所设计的附加阻尼控制器进行对比。其中带通滤波器和限幅环节的设定与附加鲁棒阻尼

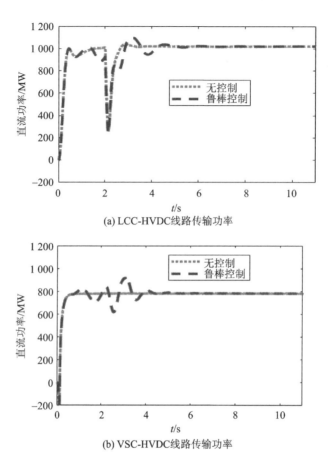

图 5 - 24　采用不同直流进行阻尼调制的直流功率曲线

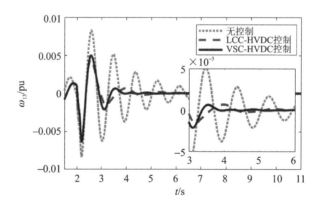

图 5 - 25　不同直流调制下的 $\Delta\omega_{13}$

控制器相同,选择串联超前校正环节对原系统进行补偿,并将串联校正环节转换至负反馈回路,并用平衡截断对控制器降阶,选择将系统的阻尼比提高至 0.25,自然振荡频率调整为 2 rad/s,即将系统的主导极点校正为 $-0.5+1.936i$,最后得到的降阶后的根轨迹阻尼控制器为

$$H(s) = \dfrac{\begin{array}{l}-412.8s^8 + 4\,333s^7 - 1.4\times10^4 s^6 + 3.1\times10^5 s^5 + 3.2\times10^5 s^4 \\ + 2.9\times10^6 s^3 + 2.4\times10^6 s^2 - 1.7\times10^5 s - 2.7\times10^5\end{array}}{\begin{array}{l}+ s^8 - 42.6s^7 + 340.3s^6 + 321s^5 + 2\,346s^4 \\ + 8\,153s^3 - 3\,553s^2 + 210.8s - 1.2\times10^{-15}\end{array}}$$

$$(5-36)$$

案例一：设置 2 s 时刻，节点 5 突然失去负荷，0.5 s 后故障自动切除，分别在 VSC-HVDC 的有功功率控制环节处投入根轨迹控制器和鲁棒控制器。以发电机 G_1-G_2、G_1-G_3、G_2-G_3 之间的转速差 $\Delta\omega_{12}$、$\Delta\omega_{13}$、$\Delta\omega_{23}$ 为观察对象，仿真结果如图 5-26 所示。

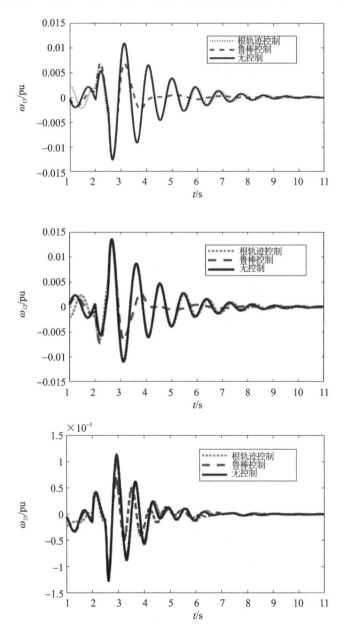

图 5-26　案例一情况下控制器配置前后的控制效果对比图

图 5－26 的仿真结果表明,系统在受到小扰动后,发电机转速发生变化,在无任何控制措施时,系统持续振荡。配置根轨迹控制器后,降低了首摆幅度,对振荡起到了一定的抑制所用,但对后续摆阻尼的增加程度不明显。而加入鲁棒控制器后,系统振荡的平息速度很快,不仅降低了首摆幅度,而且对后续摆阻尼的增加程度明显高于根轨迹控制器。因此可以得出,鲁棒控制器对低频振荡的阻尼效果要优于根轨迹控制器。

案例二:设置 2 s 时刻,节点 3 发生瞬时三相金属性短路故障,接地电阻为 0.01 Ω,持续 0.3 s 后故障清除。其余设置与案例一相同,仿真结果如图 5－27 所示。

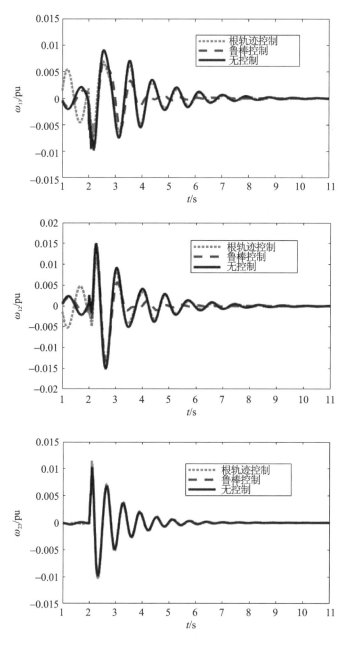

图 5－27　案例二情况下控制器配置前后的控制效果对比图

　　由图 5 - 27 的仿真结果可以看出,在案例二的情况下,根轨迹控制器几乎没有起到抑制系统振荡的作用,而鲁棒控制器则能较好地抑制系统振荡。原因是三相短路故障引起了系统模型的变化,而附加阻尼控制器是根据系统模型的传递函数来设计的。在设计根轨迹控制器时没有考虑鲁棒性能,而鲁棒控制器的鲁棒性能比较强,对系统模型的改变不敏感、适应性强,仍能快速阻尼系统的低频振荡。

　　以上仿真结果表明,在混合多馈入直流多落点系统中,若受端系统发生低频振荡,在调制量相同的情况下, 在 VSC - HVDC 定有功功率控制环节处添加附加阻尼控制器对低频振荡的阻尼效果优于在 LCC - HVDC 定电流控制环节处添加附加阻尼控制器。在设计附加阻尼控制器时,运用 H_2/H_∞ 混合控制理论设计的鲁棒控制器对低频振荡的阻尼效果要优于基于经典根轨迹控制器理论设计的根轨迹控制器,且鲁棒控制器的鲁棒性能好,对系统运行模型的变化适应能力强。

第6章 含风电接入的混合多馈入直流控制研究

6.1 基于双馈异步感应发电机的风力发电系统

6.1.1 双馈发电机的结构及数学模型

双馈异步风力发电机(doubly fed induction generator,DFIG)模型中含有风力机、异步电机和变换器等部分。风力机主要由齿轮箱、风轮、传动轴组成。DFIG结构如图6-1所示,双馈发电机的定子、转子惯量参考电动机惯例。

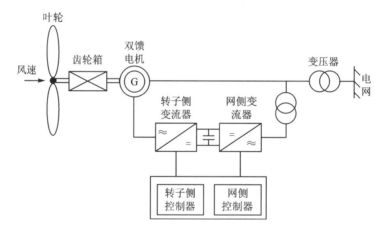

图6-1 DFIG模型

本节采用等效集中质量法,将风轮、转速轴、齿轮箱视为一个整体W,发电机视为一个整体G,在此基础上得到传动链方程为

$$\begin{cases} 2H_w \dfrac{\mathrm{d}\omega_r}{\mathrm{d}t} = T_w - K_s\theta_s - D_w\omega_r \\[2mm] 2H_g \dfrac{\mathrm{d}\omega_g}{\mathrm{d}t} = K_s\theta_s - T_e - D_g\omega_g \\[2mm] \dfrac{\mathrm{d}\theta_s}{\mathrm{d}t} = \omega_s(\omega_r - \omega_g) \end{cases} \tag{6-1}$$

式(6-1)中,H_w、D_w、H_g、D_g分别为W和G转子的惯性时间常数和阻尼系数;T_e和T_w为G的电磁转矩和W的机械转矩;K_s为转速轴的刚度系数;θ_s为转速轴的扭转角;ω_r为W的角速度;ω_g为发电机转子角速度;ω_s为同步角转速,$\omega_s = 2\pi f$。

双馈电机模型由磁链、转矩和电压方程构成,在满足一定条件下进行建模分析。若使用abc静止坐标系下双馈风电机组处理问题,则特别难计算求解,所以选择坐标变换来简化模

型。将 abc 坐标系下的数学模型转换为 dq 旋转坐标系下。双馈风电机组的电压方程为

$$\begin{cases} u_{sd} = R_s i_{sd} + \rho\psi_{sd} - \omega_1\psi_{sq} \\ u_{sq} = R_s i_{sq} + \rho\psi_{sq} - \omega_1\psi_{sd} \\ u_{rd} = R_r i_{rd} + \rho\psi_{rd} - \omega_s\psi_{rq} \\ u_{rq} = R_r i_{rq} + \rho\psi_{rq} + \omega_s\psi_{rd} \end{cases} \tag{6-2}$$

式(6-2)中,下标 d 和 q 表示不同物理量下的 dq 轴分量;下标 s 和 r 分别表示定子、转子部分;R 表示电阻;u 表示电压;ρ 表示微分算子;ω_1 为定子转速;ω_m 为转子转速;ω_s 为相对于转子的转差角速度,$\omega_s = \omega_1 - \omega_m$。

双馈风电机组的磁链方程如下:

$$\begin{cases} \psi_{sd} = L_s i_{sd} + L_m i_{rd} \\ \psi_{sq} = L_s i_{sq} + L_m i_{rq} \\ \psi_{rd} = L_m i_{sd} + L_r i_{rd} \\ \psi_{rq} = L_m i_{sq} + L_r i_{rq} \end{cases} \tag{6-3}$$

式(6-3)中,ψ 表示磁链;L 表示电感;L_m 表示转子互感。

将式(6-3)代入式(6-2)中,得到 DFIG 的 dq 旋转坐标系下电压电流方程为

$$\begin{bmatrix} u_{sd} \\ u_{sq} \\ u_{rd} \\ u_{rq} \end{bmatrix} = \begin{bmatrix} R_s + L_s p & -\omega_1 L_s & L_m p & -\omega_1 L_m \\ \omega_1 L_s & R_s + L_s p & \omega_1 L_m & L_m p \\ L_m p & \omega_s L_m & R_s + L_r p & -\omega_s L_r \\ \omega_s L_m & L_m p & \omega_s L_r & R_s + L_r p \end{bmatrix} \begin{bmatrix} i_{sd} \\ i_{sq} \\ i_{rd} \\ i_{rq} \end{bmatrix} \tag{6-4}$$

在两相同步旋转坐标系中,双馈风电机的转矩方程为

$$\begin{cases} T_m = T_e + \dfrac{J}{n_p}\dfrac{\mathrm{d}\omega_r}{\mathrm{d}t} \\ T_e = n_p L_m(i_{sq} i_{rd} - i_{sd} i_{rq}) \end{cases} \tag{6-5}$$

式(6-5)中,T_m 为风力机机械转矩;T_e 为发电机电磁转矩;J 为转子转动惯量;ω_r 为转子机械角速度;n_p 为极对数。

双馈风电机输出的有功、无功功率分别为

$$P_s = u_{sd} i_{sd} + u_{sq} i_{sq} \tag{6-6}$$

$$Q_s = u_{sq} i_{sd} - u_{sd} i_{sq} \tag{6-7}$$

通过 Park 变换实现了定子、转子绕组的互感解耦。

6.1.2　转子侧及网侧变换器控制

图 6-2 所示是 DFIG 的双 PWM 变换器,DFIG 的控制主要为两个变换器的控制,即电网侧变换器(grid side convertor,GSC)和转子侧变换器(rotor side converter,RSC),二者的工作状态是根据变换器位置划分的。GSC 可使直流电压保持不变并控制风力机接入点的功率因数。

电网侧变换器的数学模型可表示为

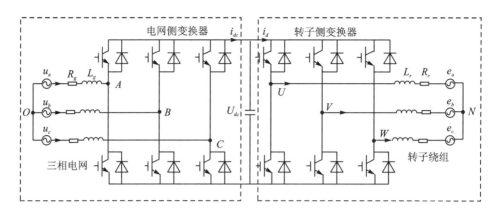

图 6-2 双 PWM 变换器内部结构

$$\begin{bmatrix} \dfrac{\mathrm{d}i_d}{\mathrm{d}t} \\[2mm] \dfrac{\mathrm{d}i_q}{\mathrm{d}t} \end{bmatrix} = \begin{bmatrix} -\dfrac{R}{L} & \omega \\[2mm] -\omega & -\dfrac{R}{L} \end{bmatrix} \begin{bmatrix} i_d \\ i_q \end{bmatrix} + \dfrac{1}{L}\begin{bmatrix} v_d - e_d \\ -e_q \end{bmatrix} = \begin{bmatrix} -\dfrac{R}{L} & 0 \\[2mm] 0 & -\dfrac{R}{L} \end{bmatrix}\begin{bmatrix} i_d \\ i_q \end{bmatrix} + \begin{bmatrix} x_1 \\ x_2 \end{bmatrix}$$

$$(6-8)$$

其中，v_d 为系统电压的 d 轴分量；e 为换流器输出电压。

$$\begin{cases} x_1 = (v_d - e_d)/L + \omega i_q \\ x_2 = -e_q/L - \omega i_d \end{cases} \qquad (6-9)$$

由式(6-9)可以得到

$$\begin{cases} e_d = -Lx_1 + v_d + \omega L i_q \\ e_q = -Lx_2 + \omega L i_d \end{cases} \qquad (6-10)$$

风力发电机的变速恒频功能主要是通过控制电动机转速等相关因素，令转子转速与风速保持一致，通过定向矢量控制策略实现换流器的功率解耦控制来实现的。

定子电压与磁链的关系如下：

$$\begin{cases} v_a - i_a R_a = \dfrac{\mathrm{d}\lambda_a}{\mathrm{d}t} \\[2mm] v_b - i_b R_b = \dfrac{\mathrm{d}\lambda_b}{\mathrm{d}t} \\[2mm] v_c - i_c R_c = \dfrac{\mathrm{d}\lambda_c}{\mathrm{d}t} \end{cases} \qquad (6-11)$$

定子三相电压与电阻电压相减后，ψ_α、ψ_β 由 $\alpha\beta$ 变换、积分得到，幅值信号 ψ_s 和相位信号 θ_1 由极坐标变换得到，即

$$\begin{cases} \psi_{s\alpha} = \int (u_{s\alpha} - R_s i_{s\alpha})\,\mathrm{d}t \\[2mm] \psi_{s\beta} = \int (u_{s\beta} - R_s i_{s\beta})\,\mathrm{d}t \end{cases} \qquad (6-12)$$

$$\begin{cases} \psi_s = \sqrt{\psi_{s\alpha}^2 + \psi_{s\beta}^2} \\[2mm] \theta_1 = \arctan \dfrac{\psi_{s\alpha}}{\psi_{s\beta}} \end{cases} \qquad (6-13)$$

当系统处于稳态时,DFIG 的定子有功功率与无功功率可用转子 dq 轴电流分量控制,即

$$
\begin{cases}
P_s \approx \dfrac{3L_m}{2L_s}\omega_1\psi_s i_{rq} \\[3mm]
Q_s \approx \dfrac{3\omega_1\psi_s L_m^2}{2L_s}\left(i_{rd}-\dfrac{\psi_s}{L_m}\right)
\end{cases}
\tag{6-14}
$$

式(6-14)可作为转子侧变换器外环功率设计依据。

相量形式的电压方程与磁链方程如下:

$$
\begin{cases}
\dot U_s = R_s\dot I_s + \dfrac{\mathrm{d}\psi_s}{\mathrm{d}t} + \mathrm{j}\omega_1\psi_s \\[3mm]
\dot U_r = R_r\dot I_r + \dfrac{\mathrm{d}\psi_r}{\mathrm{d}t} + \mathrm{j}\omega_s\psi_r
\end{cases}
\tag{6-15}
$$

$$
\begin{cases}
\dot\psi_s = L_s\dot I_s + L_m\dot I_r \\[3mm]
\dot\psi_r = L_m\dot I_s + L_r\dot I_r
\end{cases}
\tag{6-16}
$$

加点变量为相应物理量的矢量形式。

定子相关参数转换到转子侧,上述转子电压方程可写为

$$
\dot U_r = R_r\dot I_r + \sigma L_r\frac{\mathrm{d}\dot I_r}{\mathrm{d}t} + \frac{L_m^2}{L_s}\frac{\mathrm{d}\dot I_{ms}}{\mathrm{d}t} + \mathrm{j}\omega_s\psi_r
\tag{6-17}
$$

其中,$\dot I_{ms}=(L_s/L_m)\dot I_s+\dot I_r$,为定子励磁电流矢量;$\sigma$ 为发电机漏磁系数。

在双馈异步发电机并网运行中,因电压波动相对平缓,故等效励磁电流矢量可视为恒定不变,故式(6-17)可改写为

$$
\dot U_r = R_r\dot I_r + \sigma L_r\frac{\mathrm{d}\dot I_r}{\mathrm{d}t} + \mathrm{j}\omega_s\psi_r
\tag{6-18}
$$

将式(6-18)写成 dq 分量形式,用定子磁链与转子电流表示转子磁链,可得

$$
\begin{cases}
u_{rd} = R_r i_{rd} + \sigma L_r\dfrac{\mathrm{d}i_{rd}}{\mathrm{d}t} - \omega_s\sigma L_r i_{rq} \\[3mm]
u_{rq} = R_r i_{rq} + \sigma L_r\dfrac{\mathrm{d}i_{rq}}{\mathrm{d}t} + \omega_s\left(\dfrac{L_m}{L_s}\psi_s + \sigma L_r i_{rd}\right)
\end{cases}
\tag{6-19}
$$

6.2 含风电场的混合多馈入直流输电系统阻尼特性研究

随着直流输电系统的发展,混合多馈入直流输电系统形成了,该结构由柔性直流输电系统和传统高压直流输电系统共同馈入到电气距离较近的同一个交流系统而形成。高压直流输电是风电并网消纳的理想电网结构,因此,风电一般均通过直流输电的形式进行输送。由此便形成了含有风电的混合多馈入直流输电系统。然而,DFIG 机组并网后会对电网振荡特性产生一定的影响。风电机组入混合多馈入直流输电系统中,使得风电场与 VSC-HVDC、LCC-HVDC 及电网受端之间的交互作用更为复杂,其间的相互作用会令电力系统产生多种振荡模式。

6.2.1   含风电场的混合多馈入直流输电系统的建模与控制策略

大型电力系统区域及其内部之间的振荡特性与电网的结构和阻尼特性有关。风机的类型、并网模式、并网容量以及并网接入点将对系统的阻尼特性产生不同的影响。为了分析 DFIG 风电机组对电力系统的影响,本节采用了如图 6-3 所示的混合多馈入直流输电系统与双馈风电机组共同组成的互联系统。图 6-3 中①、②、③表示风电机组分别并联在 VSC-HVDC 送端、LCC-HVDC 送端以及电网受端位置。

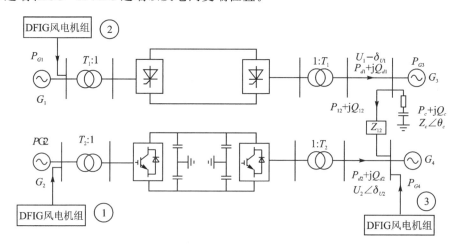

图 6-3   混合多馈入系统及 DFIG 机组并网模型

图 6-3 中,下标 1 表示 LCC-HVDC 系统侧,2 表示 VSC-HVDC 系统侧;P 表示直流有功功率;Q 表示直流无功功率;P_{12}、Q_{12} 分别表示两系统之间传递的直流功率和无功功率;$P_c + jQ_c$ 表示线路负荷;$U \angle \delta_U$ 表示交流母线电压;Z_c、θ_C 分别为无功补偿装置阻抗和相角;P_{G1}、P_{G3}、P_{G2}、P_{G4} 表示 LCC-HVDC、VSC-HVDC 系统对应同步发电机发出的有功功率;T_1、T_2 表示变压器变比。

上述独立的单馈入 LCC-HVDC 系统的数学模型可以描述为

$$\begin{cases} I_{d1} = \dfrac{U_1 [\cos \gamma_1 - \cos (\gamma_1 + \mu_1)]}{\sqrt{2}\, T_1 X_{T1}} \\[3mm] U_{d1} = \dfrac{3\sqrt{2}\, U_1}{\pi T_1} \cos \gamma_1 - \dfrac{3}{\pi} X_{T1} I_{d1} \end{cases} \tag{6-20}$$

$$\begin{cases} P_{d1} = U_{d1} I_{d1} \\ Q_{d1} = P_{d1} \tan\varphi \\ \cos \phi_1 = - [\cos \gamma_1 + \cos (\gamma_1 + \mu_1)] / 2 \end{cases} \tag{6-21}$$

$$\begin{cases} P_{ac1} = [U_1^2 \cos \theta_1 - E_1 U_1 \cos(\delta_{U1} - \delta_{E1} + \theta_1)] / |Z_1| \\ Q_{ac1} = [U_1^2 \sin \theta_1 - E_1 U_1 \sin(\delta_{U1} - \delta_{E1} + \theta_1)] / |Z_1| \end{cases} \tag{6-22}$$

$$\begin{cases} P_{d1} - P_{ac1} - P_{c1} = 0 \\ Q_{d1} - Q_{ac1} + Q_{c1} = 0 \end{cases} \tag{6-23}$$

$$Q_{c1} = B_{c1} U_1^2 \tag{6-24}$$

其中，U 为直流电压；I 为直流电流；下标 $ac1$ 表示交流侧，$c1$ 表示逆变侧；X_{T1} 为换流变压器漏抗；T_1 为换流变压器变比；B_{c1} 为逆变侧滤波器和无功补偿装置的等效电纳；Z_1 为系统等值阻抗；$E_1\angle\delta_{E1}$ 为交流电动势；μ 是换流器换相重叠角；γ 为换流器关断角。

VSC‐HVDC 系统与电网之间传输的有功功率和无功功率分别为

$$P = \frac{U_s U_C}{X_1}\sin\delta \qquad\qquad (6-25)$$

$$Q = \frac{U_s(U_s - U_C\cos\delta)}{X_1} \qquad\qquad (6-26)$$

其中，U_s 为交流母线电压基波分量；U_C 为 VSC 输出电压基波分量；δ 为 U_s 与 U_C 相角差；X_1 为换流电抗。对系统来说，VSC 可视为从系统吸收功率转动惯量为零的电动机，或者看成向系统发出功率转动惯量为零的发电机。

以图 6‐3 中的②为例，含风电机组的混合多馈入输电系统的功率传输方程需要考虑风电机组与 LCC‐HVDC 系统之间的功率传输，同时还需要考虑 LCC‐HVDC 系统与 VSC‐HVDC 系统之间线路的有功和无功功率传输。因此，将 LCC‐HVDC 功率方程式修改为

$$P_{d1} - P_{ac1} - P_{c1} - P_{12} + P_s = 0 \qquad\qquad (6-27)$$

$$Q_{d1} - Q_{ac1} + Q_{c1} - Q_{12} + Q_s = 0 \qquad\qquad (6-28)$$

其中，P_{12} 与 Q_{12} 分别为线路上 VSC‐HVDC 系统向 LCC‐HVDC 系统传输的有功功率和无功功率；P_s，Q_s 为风电机组向 LCC‐HVDC 系统传输的有功功率和无功功率。

VSC‐HVDC 系统的功率方程式为

$$P_{d2} - P_{ac2} - P_{c2} - P_{12} - \Delta P_{12} = 0 \qquad\qquad (6-29)$$

$$Q_{d2} - Q_{ac2} + Q_{c2} - Q_{12} - \Delta Q_{12} = 0 \qquad\qquad (6-30)$$

其中，ΔP_{12} 和 ΔQ_{12} 为线路传输的有功功率损耗和无功功率损耗。

VSC‐HVDC 向 LCC‐HVDC 传输的功率为

$$P_{12} + \mathrm{j}Q_{12} = \dot{U}_2\left(\frac{\dot{U}_2 - \dot{U}_1}{Z_{12}}\right)^* \qquad\qquad (6-31)$$

其中，Z_{12} 为混合多馈入输电系统逆变侧联结阻抗。

6.2.2　含风电场的混合多馈入直流系统低频振荡特性分析

在混合多馈入直流输电系统中，由于双馈风电场波动的特性，并且大多数风电场远离负荷中心，因此考虑风电机组接入点位置及风电机组容量对系统阻尼特性的影响有一定的研究意义。

由于电网负阻尼效应，由小扰动引发的发电机转子间的相对摆动的现象称为低频振荡。而快速励磁系统、高放大倍数励磁系统更容易产生负阻尼现象。电网联系较弱、距离较远、电网负荷过重，均会引起系统阻尼降低。

低频振荡常用的分析方法有 Prony 分析法和特征值分析法。Prony 分析法主要是对于给定信号选取一个适当的模型阶数和数据长度，从中计算得出信号的幅值、频率、相位、阻尼等。特征值分析法主要通过对线性化系统的稳定性分析来研究非线性系统的稳定性。其主要是在选定区域将系统线性化，得出系统的状态方程，并通过计算得出矩阵的特征值，进一步分析系统的振荡模式、阻尼、频率、灵敏度等。

（1）特征值分析方法

小干扰稳定性即传统的动力学系统在 Lyapunov 意义上的渐进稳定性。根据 Lyapunov 方法探究系统稳定性,其基本原理如下。

电力系统的动态行为由一组非线性微分方程来表示,即

$$\frac{\mathrm{d}x_1}{\mathrm{d}t}=f(x_1,x_2,x_3,\cdots,x_n),\quad i=1,2,3,\cdots,n \tag{6-32}$$

将其进行线性化处理,各状态变量以初始量与增量之和表示,即

$$x_i=x_{i0}+\Delta x_i \tag{6-33}$$

经过忽略二次及高次增量的泰勒变换,即

$$\frac{\mathrm{d}x_i}{\mathrm{d}t}=\sum_{j=1}^{n}\frac{\partial f_i}{\partial x_j}\Delta x_j,\quad i=1,2,3,\cdots,n \tag{6-34}$$

其矩阵形式可表示为

$$\Delta\dot{\boldsymbol{X}}=\boldsymbol{B}\Delta\boldsymbol{X} \tag{6-35}$$

式(6-35)是表示线性系统的状态方程,$\boldsymbol{B}$ 表示系统的特征矩阵。

由上面的状态方程可得出特征矩阵的特征值,并通过矩阵特征值判断系统的小干扰稳定性:

① 若矩阵特征值中实部至少有一个为零,其余均不大于零,则表示系统运行在稳定点附近,此时系统处于临界稳定状态。

② 若系统特征值中所有实部均小于零,则表示系统运行在稳定点附近,此时系统处于渐进稳定状态。

③ 若系统特征值实部存在至少有一个大于零,则表示系统处于稳定点附近,此时系统是不稳定的。

因此可通过判断系统的特征值来说明系统是否处于稳定状态。

（2）阻尼比

通过分析阻尼比可分辨系统阻尼的强弱,系统的特征值为

$$\lambda_i=\alpha_i\pm\mathrm{j}\omega_i,\quad i=1,2,\cdots,n \tag{6-36}$$

对于振荡频率 ω_i 的阻尼比 ξ_i 可定义为

$$\xi_i=\frac{-\alpha_i}{\sqrt{\alpha_i^2+\omega_i^2}} \tag{6-37}$$

若 $\xi_i\geqslant0.1$,则表示系统中的阻尼较强;若 $\xi_i<0.03$,则说明系统中的阻尼较弱;若 $\xi_i\leqslant0$,则表明系统中阻尼为负,将出现增幅振荡现象。

6.2.3　风电场对混合多馈入直流系统阻尼特性的影响分析

1. 风电接入点对系统振荡模式的影响

采用 1 台 1 MW、0.69 kV 的 DFIG 机组,为简化分析可将整个风电场等效为该单机模型。DFIG 具体参数见参考文献[107]、[108],主要参数如表 6-1 所列。

表 6-1　DFIG 参数

参　数	取　值
桨叶半径 R/m	40
空气密度 ρ/(kg·m^{-3})	1.225
额定风速/(m·s^{-1})	12
切入风速/(m·s^{-1})	11.5
切出风速/(m·s^{-1})	10.5
风力机额定转速 ω_{mb}/(rad·s^{-1})	1.1
发电机额定有功功率/MW	1
发电机额定电压/kV	0.69
定子绕组电阻/pu	0.005 4
转子绕组电阻/pu	0.006 07

将风速设为 11.5 m/s,8 s 后风速变为 10.5 m/s。当风电机组位于图 6-3 中的①时,首先得到一组时域仿真数据;然后再对风电机组施加小扰动信号,具体实施方式为在风电机接入点处设置单相接地故障来模拟系统的小干扰信号(在 3 s 时闭合断路器,0.2 s 过后断路器断开),获得另一组时域仿真数据。得到风电机侧并联位置的两组发电机角速度数据后,利用TLS-ESPRIT 对得到的数据进行辨识,结果如表 6-2 所列。

表 6-2　振荡模态辨识结果

振荡模态	特征值	频率/Hz	阻尼比/%
超低频振荡模态	$-0.619\ 7 \pm i0.395\ 7$	0.063 0	84.282 9
低频振荡模态 1	$-1.605\ 8 \pm i4.320\ 2$	0.687 6	34.841 3
低频振荡模态 2	$-1.507\ 2 \pm i8.271\ 4$	1.316 4	17.927 2
低频振荡模态 3	$-1.374\ 6 \pm i23.395\ 2$	1.972 8	11.022 3
次同步振荡模态 1	$-1.011\ 7 \pm i16.782\ 2$	2.671 0	6.017 7
次同步振荡模态 2	$-0.624\ 8 \pm i21.092\ 7$	3.357 0	2.961 0

由表 6-2 可知,系统存在 6 个振荡模式,即频率为 0.063 0 Hz 的超低频振荡模式,频率分别为 0.687 6 Hz、1.316 4 Hz 和 1.972 8 Hz 的低频振荡模式,此时系统中的阻尼比相较于其他模式比较强,阻尼比随着频率的增长逐渐变弱。另外,还有频率为 2.671 0 Hz 和 3.357 0 Hz 的次同步振荡模式,这些振荡模式的阻尼比均很弱,其阻尼比均随频率的增长而减小。

同样,当风电机组位于图 6-3 中的②时,采用相同的方法得到风电机侧并联位置的两组发电机功角数据,利用 TLS-ESPRIT 对得到的数据进行辨识,结果如表 6-3 所列。

表 6 - 3　振荡模态辨识结果

振荡模态	特征值	频率/Hz	阻尼比/%
低频振荡模态 1	$-1.367\ 2\pm i0.705\ 6$	0.112 3	88.863 4
低频振荡模态 2	$-0.446\ 9\pm i4.881\ 7$	0.776 9	9.115 9
低频振荡模态 3	$-0.936\ 3\pm i6.657\ 4$	1.059 6	13.927 1
低频振荡模态 4	$-1.063\ 0\pm i10.355\ 9$	1.648 2	10.210 8
次同步振荡模态 1	$-0.867\ 3\pm i14.540\ 6$	2.314 2	5.953 8
次同步振荡模态 2	$-0.543\ 2\pm i19.011\ 2$	3.025 7	2.856 1

由表 6 - 3 可知,系统存在 6 个振荡模式,即频率分别为 0.112 3 Hz、0.776 9 Hz、1.059 6 Hz、1.648 2 Hz 的低频振荡模式与频率分别为 2.314 2 Hz、3.025 7 Hz 的次同步振荡模式。可以看出,阻尼比均随着频率的升高逐渐变弱。

当风电机组位于图 6 - 3 所示的电力系统受端③时,采用相同方法得到振荡模态辨识结果,如表 6 - 4 所列,系统存在 6 个振荡模式,其中有一个频率为 0.057 0 Hz 的超低频振荡模式,其余是频率分别为 0.525 6 Hz、0.707 7 Hz、1.083 5 Hz、1.674 9 Hz 的低频振荡模式和频率为 2.365 4 Hz 的次同步振荡模式。可以看出,随着频率的升高系统阻尼比逐渐变弱。

表 6 - 4　振荡模态辨识结果

振荡模态	特征值	频率/Hz	阻尼比/%
超低频振荡模态	$-0.019\ 9\pm i0.358\ 3$	0.057 0	5.549 4
低频振荡模态 1	$-0.583\ 3\pm i3.302\ 3$	0.525 6	17.394 4
低频振荡模态 2	$-0.004\ 0\pm i4.446\ 9$	0.707 7	0.089 7
低频振荡模态 3	$-0.772\ 3\pm i6.807\ 9$	1.083 5	11.27
低频振荡模态 4	$-0.764\ 1\pm i10.523\ 4$	1.674 9	7.241 9
次同步振荡模态	$-0.495\ 6\pm i14.862\ 0$	2.365 4	3.333 1

由上述分析可知,当风电机组从 VSC - HVDC 送端并入混合多馈入直流输电系统时,系统存在超低频振荡模态、低频振荡模态、次同步振荡模态 3 种模态,阻尼比随着频率的增长而逐渐减小;当风电机组从 LCC - HVDC 送端并入混合多馈入直流输电系统时,系统存在低频振荡模态、次同步振荡模态 2 种振荡模态,阻尼比随着频率的升高而逐渐变弱;当风电机组从电网受端并入混合多馈入直流输电系统时,系统存在超低频振荡模态、低频振荡模态、次同步振荡模态 3 种模态,阻尼比随着频率的增长而逐渐变弱。风机接入位置不同时,阻尼比变化如图 6 - 4 所示。由图 6 - 4 可知,风电机组从 VSC - HVDC 端接入系统的阻尼比与 LCC - HVDC 端和电网受端相比具有更优异的阻尼特性。

2. 风电机组容量对系统振荡模式的影响

可以通过改变发电机组容量来分析其对混合多馈入直流输电振荡模式的影响。将风电机组位于不同位置时的机组容量由原来的 1 MW 增加至 10 MW,并进行仿真。利用 TLS - ESPRIT 对得到的数据进行辨识,辨识结果如表 6 - 5 所列。表 6 - 5 是当风电机组位于

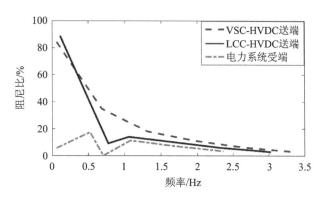

图 6-4　风电机组位置不同时阻尼比变化

图 6-3 中的①时，风电机组容量的改变导致系统的振荡模态的变化情况。由表 6-5 可以看出，原来系统中的超低频振荡模式和次同步振荡模式均消失了，仅存在低频振荡模式，阻尼随着频率的增加逐渐降低，几乎为零。与表 6-2 对比可知，在频率变化较小的范围内，阻尼比明显减小，说明随着风电机组容量的增大，系统阻尼特性变差。

表 6-5　振荡模态辨识结果

振荡模态	特征值	频率/Hz	阻尼比/%
低频振荡模态 1	$-0.639\ 2\pm i1.167\ 1$	0.185 7	48.04
低频振荡模态 2	$-0.510\ 2\pm i6.015\ 4$	0.957 4	8.45
低频振荡模态 3	$-0.112\ 8\pm i9.414\ 7$	1.498 4	1.2

表 6-6 是当风电机组位于图 6-3 中的②时，风电机组容量的改变导致系统振荡模态的变化情况。同样的，风电机组容量的增大导致系统仅存在低频振荡模式，阻尼比变化与上述分析一致。与表 6-3 对比可知，当系统频率在较小范围内变化时，系统阻尼比明显降低。结果显示，随着风电机组容量的增加，系统阻尼特性明显变差。

表 6-6　振荡模态辨识结果

振荡模态	特征值	频率/Hz	阻尼比/%
低频振荡模态 1	$-0.753\ 4\pm i1.893\ 0$	0.301 3	36.978 3
低频振荡模态 2	$-0.853\ 4\pm i5.774\ 6$	0.919 1	6.462 9
低频振荡模态 3	$-0.640\ 1\pm i9.883\ 7$	1.573 0	2.482 2

表 6-7 是当风电机组位于图 6-3 中的③时，风电机组容量的改变导致系统振荡模态的变化情况。由表 6-7 可以看出，当风电机组位于受端电网时，风电机组容量的提升使得系统中仅存在低频振荡模式。与表 6-4 对比可知，在频率大致一样的情况下，阻尼比相较容量为 1 MW 的风电机组变化不大，均随频率的升高而降低。结果表明，随着风电机组容量的变化，系统阻尼比变化不明显。

表 6 - 7　振荡模态辨识结果

振荡模态	特征值	频率/Hz	阻尼比/%
低频振荡模态 1	$-0.592\,1\pm i3.310\,1$	0.526 8	17.609 6
低频振荡模态 2	$-0.761\,4\pm i6.821\,8$	1.085 7	11.091 9
低频振荡模态 3	$-0.804\,4\pm i10.503\,1$	1.671 6	7.635 9

由上述分析可知,风力发电机组容量由 1 WM 增加至 10 MW 后,当其位于 VSC - HVDC 送端时,系统由原来的三种振荡模态过渡为低频振荡模态,阻尼比随着频率的升高而降低;当其位于 LCC - HVDC 送端时,系统由原来的两种振荡模态过渡为低频振荡模态,阻尼比随着频率的升高而降低;当其位于电网受端时,系统由原来的三种振荡模态过渡为低频振荡模态,阻尼比随着频率的升高而降低。风电机接入容量不同时阻尼比变化如图 6 - 5 所示。由图 6 - 5 可知,对于区域间振荡模式(0.1~0.8 Hz),风电机组从 VSC - HVDC 端接入系统的阻尼比与 LCC - HVDC 端和电网受端相比具有更优异的阻尼特性;对于局部振荡模式

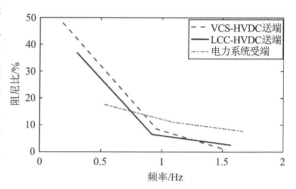

图 6 - 5　风电机组接入容量不同时阻尼比变化

(0.8~2.5 Hz),风电机组从电网受端接入系统的阻尼比与 LCC - HVDC 端和 VSC - HVDC 端相比具有更优异的阻尼特性。

6.3　含风电场的混合多馈入直流输电系统附加阻尼控制

混合多馈入直流输电系统中交直流系统之间的相互作用会对系统的阻尼特性造成一定的影响,而双馈风电机组的并网令交直流之间的耦合作用更为复杂。因此从电力系统稳定性、风电机组同步稳定运行角度来分析混合多馈入直流输电系统中风电机组对直流之间的相互作用,对抑制系统中的低频振荡具有重要意义。

本节依据风力发电基本原理及低频振荡原理,将 DFIG 机组分别接入到 HMIDC 系统中的 LCC - HVDC 侧和 VSC - HVDC 侧,从而研究风电机组接入位置不同对混合系统振荡模式的影响,并设计直流附加阻尼控制器来抑制系统中的低频振荡。首先通过总体最小二乘-旋转矢量不变技术得到系统中存在的振荡模态、传递函数等信息,并基于 H_2/H_∞ 混合控制理论来设计 LCC - HVDC、VSC - HVDC 直流附加阻尼控制器,以抑制电力系统中的低频振荡。

6.3.1　含风电场的混合多馈入直流输电系统模型

本节同样是在 PSCAD/EMTDC 中建立含风电机的混合多馈入直流输电仿真系统,网络结构如图 6 - 3 所示,不同之处在于选用的风电机接入位置为①、②。风电机组选择双馈风力

发电机组,其实际出力为 100 MW,同步发电机组出力分别为 $P_{G1}=450$ MW、$P_{G2}=350$ MW、$P_{G3}=276$ MW、$P_{G4}=346$ MW。负荷采用恒阻抗模型。

在 VSC-HVDC 端或 LCC-HVDC 端并联接入由一个双馈风电机组成的风电场,为简化分析可将整个风电场等效为该单机模型。在 0～0.5 s 时采用转速控制模式,转速为 1.045 1 pu,0.5 s 后切换为转矩控制模式。风速设为 11.5 m/s,8 s 后风速变为 10.5 m/s,DFIG 主要参数如表 6-8 所列。

表 6-8　DFIG 参数

项　　目	参　数	项　　目	参　数
额定线电压/kV	13.8	额定功率/MVA	100
定转子绕线比	0.3	叶片半径/m	40
定子电阻/pu	0.005 4	转子电阻/pu	0.006 07
切入风速/(m·s⁻¹)	11.5	切出风速/(m·s⁻¹)	10.5
机械阻尼比	0.000 1	风能利用系数	0.28
定子漏感	0.102	转子漏感	0.11

TLS-ESPRIT 相较于传统 Prony 算法抗噪、抗干扰能力更强。根据系统的网络结构及其控制特点,选择 G_3、G_4 处同步发电机转速差信号 $\Delta\omega_{34}$ 作为采样数据,得到一组时域仿真数据。当未接风电机组的系统进入稳态后,对 LCC-HVDC 系统中整流侧的定电流控制处施加0.02 pu 的小扰动激励信号,且该激励信号不会导致系统出现失稳状况。然后利用 TLS-ESPRIT 方法对扰动前后这两组发电机 $\Delta\omega_{34}$ 进行辨识,得到如表 6-9 所列数据。由表 6-9 可知,系统存在三种低频振荡模式,频率分别为 0.890 3 Hz、0.985 8 Hz、1.283 1 Hz,阻尼比均较小。

表 6-9　振荡模态辨识结果

振荡模态	特征值	频率/Hz	阻尼比/%
低频振荡模态 1	−0.372 6±i86.285	0.890 3	6.65
低频振荡模态 2	−0.148 7±i107.174 5	0.985 8	2.4
低频振荡模态 3	−0.716 7±i24.473 5	1.283 1	8.86

在 LCC-HVDC 系统同步发电机处加入风电机组后,系统振荡模态如表 6-10 所列。由表 6-10 可知,系统存在三种低频振荡模式,频率分别为 0.888 7 Hz、0.984 1 Hz、1.301 9 Hz,阻尼比随着频率的升高而逐渐减小。对比表 6-9、表 6-10 可知,在 LCC-HVDC 处加入风电机后系统阻尼比降低,低频振荡对系统的影响更为显著。根据辨识出的低频振荡频率,利用巴特沃斯带通滤波器将其频段设置为 0.8～1.4 Hz。

表 6-10　振荡模态辨识结果

振荡模态	特征值	频率/Hz	阻尼比/%
低频振荡模态 1	−0.365 3±i88.807	0.888 7	6.53
低频振荡模态 2	−0.142 9±i104.905 3	0.984 1	2.31
低频振荡模态 3	−0.712 3±i23.077 6	1.301 9	8.67

同样地,选择 G_3、G_4 处同步发电机 $\Delta\omega_{34}$ 作为采样数据,得到一组时域仿真数据。当未接风电机组的系统进入稳态后,对 VSC - HVDC 系统中定有功功率控制处施加 2% 的功率扰动激励信号,且该激励信号不会导致系统出现失稳状况。然后利用 TLS - ESPRIT 方法对扰动前后这两组发电机 $\Delta\omega_{34}$ 进行低频振荡特性辨识,得到表 6 - 11 所列数据。由表 6 - 11 可知,系统中存在三种低频振荡模式,频率分别为 0.909 1 Hz、0.957 4 Hz、1.003 4 Hz,阻尼比接近于 0,系统较不稳定。

表 6 - 11　振荡模态辨识结果

振荡模态	特征值	频率/Hz	阻尼比/%
低频振荡模态 1	$-0.841\ 4\pm i136.753\ 2$	0.909 1	14.57
低频振荡模态 2	$-0.424\ 6\pm i14.126\ 9$	0.957 4	7.04
低频振荡模态 3	$-0.214\ 6\pm i156.817\ 5$	1.003 4	6.82

在 VSC - HVDC 系统同步发电机处加入风电机组后,系统振荡模态如表 6 - 12 所列。由表 6 - 12 可知,系统中存在三种低频振荡模式,频率分别为 0.893 2 Hz、0.984 2 Hz、1.139 6 Hz,阻尼比接近于 0。对比表 6 - 11、表 6 - 12 可知,在 VSC - HVDC 处加入风电机后系统阻尼比明显降低,低频振荡对系统的影响更为显著。根据辨识出的低频振荡频率,利用巴特沃斯带通滤波器将其频段设置为 0.8～1.2 Hz。

表 6 - 12　振荡模态辨识结果

振荡模态	特征值	频率/Hz	阻尼比/%
低频振荡模态 1	$-0.205\ 4\pm i31.483\ 3$	0.893 2	3.65
低频振荡模态 2	$-0.101\ 5\pm i111.139\ 9$	0.984 2	1.64
低频振荡模态 3	$-0.489\ 6\pm i128.235\ 8$	1.139 6	3.4

6.3.2　基于区域极点配置的直流附加阻尼控制器的设计

1. LCC - HVDC 直流附加阻尼控制器设计

因柔性直流输电系统可实现功率快速控制,故可在直流控制系统中加入附加阻尼控制器,令柔性直流电网对交流功率波动进行快速吸收补偿,发挥抑制低频振荡的作用。

在 LCC - HVDC 系统侧加入风电机组,首先通过 TLS - ESPRIT 方法辨识出系统加扰动后存在的低频振荡模式,选择同步发电机组转速差作为控制器输入信号,将其设置在 LCC - HVDC 系统整流侧的定电流控制处,结构如图 6 - 6 所示。

然后利用巴特沃斯带通滤波器对输入信号进行滤波,结合 H_2/H_∞ 混合控制理论设计直流附加阻尼控制器,以提高系统阻尼。具体控制器设计流程如图 6 - 7 所示。

在系统中加入控制器相当于给其加入阻尼,调整控制器的参数来分配阻尼,从而使系统处于稳定状态。利用 H_2/H_∞ 混合控制理论设计直流附加阻尼控制器,令其特征根实部落在一定的扇状区域内。选取合适的权函数后,针对所选低频振荡区域(0.8～1.4 Hz)设定极点配置区域,将其阻尼比提升至 10%,令 α、β 均等于 0.5 且对 γ、η 不设限制。

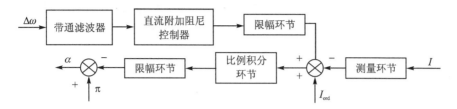

图 6 - 6　LCC - HVDC 直流附加阻尼控制器

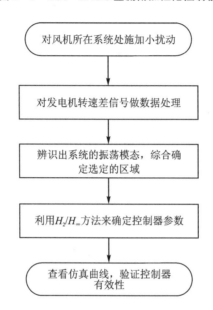

图 6 - 7　控制器设计流程

针对 LCC - HVDC 支路设计的直流附加阻尼控制器为

$$K_1 = \frac{0.509\,4 \times 10^{-4}s^6 + 0.001\,2s^5 - 0.005\,5s^4 + 0.144\,9s^3 - 0.364\,8s^2 + 2.820\,7s}{s^6 + 1.568s^5 + 122.945s^4 + 120.435\,2s^3 + 4\,892.7s^2 + 2\,291s + 6.325 \times 10^4}$$

$$(6 - 38)$$

由于传递函数的阶数较高，在保证系统主要振荡模式不发生改变的前提下，利用平衡截断法对其进行降阶，得到系统的传递函数为

$$K_{G1} = \frac{-1\,322.2s^2 - 477.56s - 36\,993.2}{s^3 + 4.306s^2 + 23.104\,9s + 77.425\,5}$$

$$(6 - 39)$$

2. VSC - HVDC 直流附加阻尼控制器设计

对于 VSC - HVDC 支路设计的直流附加阻尼控制器，通过辨识得到系统传递函数为

$$K_2 = \frac{0.569\,6 \times 10^{-4}s^6 + 0.002\,2s^5 - 0.012\,1s^4 + 0.246\,6s^3 - 0.670\,6s^2 + 4.650\,9s}{s^6 + 1.617\,3s^5 + 121.623\,7s^4 + 123.627\,9s^3 + 4\,806.1s^2 + 2\,343.1s + 6.185 \times 10^4}$$

$$(6 - 40)$$

对其进行降阶，得到系统的传递函数为

$$K_{G2} = \frac{-344.312\,3s^2 - 322.502\,9s - 9\,492.6}{s^3 + 3.317\,7s^2 + 22.751\,2s + 59.660\,8}$$

$$(6 - 41)$$

同样地，在 VSC - HVDC 系统侧加入风电机组，通过 TLS - ESPRIT 方法辨识出加扰动

后存在的低频振荡模式,选择同步发电机组转速差作为控制器输入信号,将其设置在 VSC -
HVDC 系统整流侧的定有功功率控制处,结构如图 6 - 8 所示。

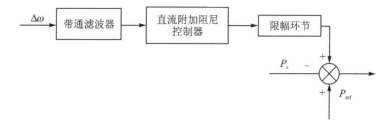

图 6 - 8　VSC - HVDC 直流附加阻尼控制器

选取合适的权函数,针对所选低频振荡区域(0.8～1.2 Hz)设定极点配置区域,将其阻尼
比提升至 10%,α、β 均设置为 0.5 且对 γ、η 不设限制。针对 LCC - HVDC 支路设计的直流附
加阻尼控制器为

$$K_3 = \frac{0.426\,2\times10^{-4}s^6 + 0.001\,1s^5 - 0.005\,5s^4 + 0.136\,7s^3 - 0.352\,8s^2 + 2.671s}{s^6 + 1.592\,4s^5 + 121.985\,2s^4 + 122.101\,3s^3 + 4\,827.3s^2 + 2\,319.4s + 6.214\,3\times10^4}$$

$$(6 - 42)$$

由于所设计的控制器的传递函数的阶数较高,在保证系统主要振荡模式不发生改变的前
提下,利用平衡截断法降阶,得到控制器系统的传递函数为

$$K_{G3} = \frac{-1\,661.41s^2 + 30.918\,7s - 47\,016.6}{s^3 + 4.329\,7s^2 + 24.494\,8s + 83.624\,2}$$

$$(6 - 43)$$

对于 VSC - HVDC 支路设计的直流附加阻尼控制器为

$$K_4 = \frac{0.753\,4\times10^{-4}s^6 + 0.001\,8s^5 - 0.008\,8s^4 + 0.217\,8s^3 - 0.574\,3s^2 + 4.219s}{s^6 + 1.640\,4s^5 + 120.494\,4s^4 + 125.023\,9s^3 + 4\,728.1s^2 + 2\,362.9s + 6.052\,2\times10^4}$$

$$(6 - 44)$$

经过平衡截断法降阶后,得到控制器系统的传递函数为

$$K_{G4} = \frac{-343.566\,8s^2 - 262.904\,2s - 9\,643.14}{s^3 + 3.255\,1s^2 + 23.404\,3s + 60.492\,6}$$

$$(6 - 45)$$

6.3.3　仿真验证及分析

将设计的直流附加阻尼控制器加入图 6 - 3 所示的仿真系统中,利用 PSCAD 电磁暂态仿
真软件验证控制器的有效性。

因电力系统运行过程中单相短路故障发生概率最大,三相短路故障影响最严重,故在
图 6 - 3 所示的含风电机组的混合多馈入直流输电系统仿真模型中设置以下两种扰动方式:

① $t=3$ s 时,在风电机组接入系统母线处施加三相金属性短路接地故障,经过 0.2 s 后单
相故障被清除。

② $t=3$ s 时,在风电机组接入系统母线处施加单相短路故障,经过 0.2 s 后三相故障被
清除。

1. LCC - HVDC 控制器效果验证

将 LCC - HVDC、VSC - HVDC 直流附加阻尼控制器分别加在 LCC - HVDC 侧含风电机

组的混合多馈入直流输电系统中,比较这两种控制器在扰动①、②下抑制低频振荡的效果,如图 6-9 和图 6-10 所示。

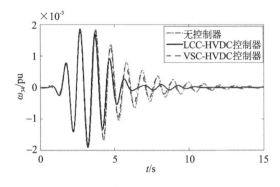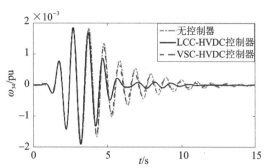

图 6-9　扰动①下系统加控制器效果比较　　　图 6-10　扰动②下系统加控制器效果比较

当系统发生单相故障时,系统产生较大幅度功率振荡,系统暂态稳定性受到破坏。从图 6-9 可以看出,LCC-HVDC、VSC-HVDC 直流附加阻尼控制器的加入对低频振荡均有较好的抑制作用,首摆幅度降低,后续摆动阻尼增加。而在抑制系统低频振荡方面,LCC-HVDC 直流附加阻尼控制器相较于 VSC-HVDC 直流附加阻尼控制器效果更好,后摆阻尼明显增加,系统振荡曲线很快趋于 0,系统状态很快趋于平稳,更有利于恢复系统稳定性。

同样地,当系统发生三相金属性接地故障时,系统发生较大幅度功率振荡,系统暂态稳定性受到破坏。由图 6-10 可以看出,不同类型直流附加阻尼控制器的加入对系统原有的低频振荡有较好的抑制作用,其中 LCC-HVDC 直流附加阻尼控制器对低频振荡的抑制作用要优于 VSC-HVDC 控制器,后摆阻尼明显增加,系统振荡曲线很快趋于 0,系统状态很快趋于平稳,系统能更好地恢复稳定性。

2. VSC-HVDC 控制器效果验证

将 LCC-HVDC、VSC-HVDC 直流附加阻尼控制器分别加在含风电机组的混合多馈入系统的 VSC-HVDC 侧中,分别比较控制器在不同扰动下抑制低频振荡的效果,如图 6-11 和图 6-12 所示。

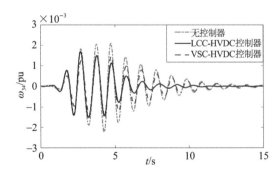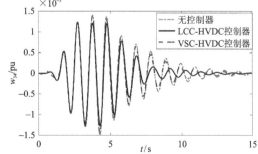

图 6-11　扰动①系统加控制器效果比较　　　图 6-12　扰动②系统加控制器效果比较

当系统发生单相故障时,系统产生较大幅度功率振荡,系统暂态稳定性受到破坏。从图 6-11 可以看出,LCC-HVDC、VSC-HVDC 直流附加阻尼控制器的加入对低频振荡均有较好的抑制作用,首摆幅度降低,后续摆动阻尼增加。而在抑制系统低频振荡方面,LCC - HVDC 直流附加阻尼控制器相较于 VSC - HVDC 直流附加阻尼控制器效果更好,后摆阻尼明显增加,系统振荡曲线很快趋于 0,系统状态很快趋于平稳,更有利于恢复系统稳定性。

同样地,当系统发生三相金属性接地故障时,系统发生较大幅度功率振荡。由图 6 - 12 可以看出,不同类型直流附加阻尼控制器的加入对系统原有的低频振荡有较好的抑制作用,其中 LCC - HVDC 直流附加阻尼控制器对低频振荡的抑制作用要优于 VSC - HVDC 控制器,后摆阻尼明显增加,系统状态很快趋于平稳,系统能更好地恢复稳定性。

参考文献

[1] 袁野.特斯拉和爱迪生相爱相杀的一生[J].今日科苑,2016(09):64-69.

[2] 闫全全,阴春晓.高压直流输电系统中的过负荷限制分析[J].电力与能源,2012,33（6）:540-542.

[3] 乐波,梅念,刘思源,等.柔性直流输电技术综述[J].中国电业,2014,5:43-47.

[4] 刘振亚,张启平.国家电网发展模式研究[J].中国电机工程学报,2013,33(7):1-10.

[5] 饶宏,张东辉,赵晓斌,等.特高压直流输电的实践和分析,2015,41(8):2481-2488.

[6] 李兴源.高压直流输电系统的运行与控制[M].北京:科学技术出版社,2004.

[7] 梁旭明,张平,常勇.高压直流输电技术现状及发展前景[J].电网技术,2012,36(4):9.

[8] 洪乃刚.电力电子、电机控制系统的建模和仿真[M].北京:机械工业出版社,2010.

[9] 赵婉君.高压直流输电工程技术[M].北京:中国电力出版社,2004.

[10] 韩民晓.高压直流输电原理与运行[M].北京:机械工业出版社,2013.

[11] Flourentzou N,Agelidis V G,Demetriades G D. VSC－based HVDC power transmission systems:an overview[J]. IEEE Transaction on Power Electronics,2009,24（3）:592-602.

[12] 陈海荣,徐政.基于同步坐标变换的 VSC－HVDC 暂态模型及其控制器[J].电工技术学报,2007(02):121-126.

[13] 肖湘宁,罗超,陶顺.电气系统功率理论的发展与面临的挑战[J].电工技术学报,2013,28(09):1-10.

[14] 韩京清.自抗扰控制技术——估计补偿不确定因素的控制技术[M].北京:国防工业出版社,2013.

[15] 韩京清.自抗扰控制技术[J].前沿科学,2007,1(1):24-31.

[16] 邓文浪,令弧文娟,朱建林.应用自抗扰控制器的双级矩阵变换器闭环控制[J].中国电机工程学报,2008,28(18):13-19.

[17] 韩京清.从 PID 技术到"自抗扰控制"技术[J].控制工程,2002,9(3):13-18.

[18] 丁祖军,刘保连,张宇林.基于自抗扰控制技术的有源电力滤波器直流侧电压优化控制[J].电网技术,2013,37(7):2030-2034.

[19] 郭利娜,刘天琪,程道卫,等.直流多落点系统控制敏感点挖掘技术研究[J].电力系统保护与控制,2013,41(10):7-12.

[20] 王曦,李兴源,王渝红.基于 TLS－ESPRIT 辨识的多直流控制敏感点研究[J].电力系统保护与控制,2012,40(19):121-125.

[21] Smed T,Anderson G. Utilising HVDC to damp power oscillations[J]. IEEE Transactions on Power Delivery,1993,8(2):620-627.

[22] 刘小江.多馈入直流系统非线性变结构控制的研究[D].四川:四川大学,2005.

[23] Zhang Y，Bose A. Design of wide-area damping controllers for interarea oscillations[J]. IEEE Transactions on Power Systems,2008,23(3):1136-1143.

[24] Ogata K. Modern ContorlEngineering[M]. [S. l.]: Prentice-Hall, Inc. , 1996.

[25] Li C S，He P. Fault-location method for HVDC transmission lines based on phase frequency characteristics [J]. IET Generation，Transmission & Distribution，2017, 12 (4): 912-916.

[26] Latorre H，Ghandhari M，Söder L. Active and reactive power control of a VSC-HVDC [J]. Electric Power Systems Research，2008,78(10): 1756-1763.

[27] Wancerz N M. Power system stability enhancement by WAMS-based supplementary control of multiterminal HVDC networks [J]. Control Engineering Practice，2013,21 (5): 583-592.

[28] 李景一,李浩志,尹聪琦,等. 基于附加频变增益控制的风电-柔性直流输电系统次同步振荡抑制方法[J]. 电力自动化设备,2022,42(08): 146-152.

[29] Eriksson R. Coordinated control of multiterminal DC grid power injections for improved rotor-angle stability based on Lyapunov theory[J]. IEEE Transactions on Power Delivery,2014,29(4): 1789 -1797.

[30] Harnefors L，Johansson N，Zhang L，et al. Inter area oscillation damping using active power modulation of multiterminal HVDC transmissions[J]. IEEE Transactions on Power Systems，2014，29(5): 2529-2538.

[31] Azad S P，Iravani R，Tate J E. Damping inter-area oscillations based on a model predictive control (MPC) HVDC supplementary controller[J]. IEEE Transactions on Power Systems，2013,28(3): 3174-3183.

[32] 谢惠藩,张尧,林凌雪,等. 基于时间最优和自抗扰跟踪的广域紧急直流功率支援控制[J]. 电工技术学报,2010,25(8):145-153.

[33] Liu C，Zhao Y，Li G，et al. Design of LCC HVDC wide-area emergency power support control based on adaptive dynamic surfacecontrol[J]. IET Generation，Transmission & Distribution，2017, 11(13): 3236-3245.

[34] 林桥,李兴源,胡楠,等. 基于多代理的紧急直流功率支援策略研究[J]. 电网技术, 2014, 38(5): 1150-1155.

[35] 张英敏,陈虎,李兴源,等. 基于直流功率支援因子的紧急功率支援策略研究[J]. 四川大学学报, 2011,43(5): 175-178, 196.

[36] 刘崇茹,魏佛送,陈作伟,等. 幅值自适应的阶递式紧急功率支援控制技术[J]. 电力系统自动化,2013,37(21):123-128.

[37] 谢惠藩,张尧,林凌雪,等. 基于时间最优和自抗扰跟踪的广域紧急直流功率支援控制[J]. 电工技术学报,2010,25(8):145-153.

[38] 李从善,和萍,金楠,等. 基于不平衡功率动态估计的直流幅值阶梯递增紧急功率支援[J].电力自动化设备,2018,38(12):148-154.

[39] 颜秉勇，田作华，施颂椒，等. 高压直流输电系统故障诊断新方法[J]. 电力系统自动化，2007, 31(16)：57-61.

[40] 林飞，张春朋，宋文超，等. 基于扩张状态观测器的感应电机转子磁链观测[J]. 中国电机工程学报，2003, 23(4)：145-147.

[41] 韩京清. 一类不确定对象的扩张状态观测器[J]. 控制与决策，1995,10(1)：85-88.

[42] Krishayya P C S, Adapa R, Holm M, et al. IEEE guide for planning DC links terminating at AC locations having low short-circuit capacities. Part I：AC/DC system interaction phenomena[C]. France：CIGRE,1997.

[43] Li C S, Guo J, He P, et al. An LCC－HVDC adaptive emergency power support strategy based on unbalanced power online estimation[J]. Journal of Harbin Institute of Technology (New Series), 2020, 27(2)：87-96.

[44] Li C S, Li Y K, He P, et al. Coordination and optimization strategy of LCC－HVDC auxiliary power/frequency combination control[J]. Journal of Electrical Systems, 2019, 15(4)：499-513.

[45] 郭小江，马世英，卜广全，等. 多馈入直流系统协调控制综述[J]. 电力系统自动化，2009, 33(3)：9-15.

[46] 张步涵，陈龙，李皇，等. 利用直流功率调制增强特高压交流互联系统稳定性[J]. 高电压技术，2010, 36(1)：116-121.

[47] de Toledo P F, Bergdahl B, Asplund G. Multiple infeed short circuit ratio—aspects related to multiple HVDC into one AC network[C]//Transmission and Distribution Conference and Exhibition：Asia and Pacific, 2005 IEEE/PES. IEEE, 2005：1-6.

[48] Rahimi E, Gole A M, Davies J B, et al. Commutation failure analysis in multi-infeed HVDC systems[J]. IEEE Transactions on Power Delivery, 2011, 26(1)：378-384.

[49] Li C S, He P, Li Y K. LCC-HVDC auxiliary emergency power coordinated control strategy considering the effect of electrical connection of the sending-end power grid[J]. Electrical Engineering, 2019, 101(4)：1133-1143.

[50] 束洪春，董俊，孙士云，等. 直流调制对南方电网交直流混联输电系统暂态稳定裕度的影响[J]. 电网技术，2006, 30(20)：29-33.

[51] 李从善，和萍，金楠，等. HVDC 直流线路故障和换相失败故障判别[J]. 电气应用，2017, 36(19)：60-66.

[52] 任震，欧开健，荆勇，等. 直流输电系统换相失败的研究(二)—避免换相失败的措施[J]. 电力自动化设备，2003,23(6)：6-9.

[53] 黄玉东. 高压直流输电换相失败的研究[D]. 北京：华北电力大学,2006.

[54] 洪潮. 直流输电系统换相失败和功率恢复特性的工程实例仿真分析[J]. 南方电网技术，2011,5(1)：1-7.

[55] 罗隆福，周金萍，李勇，等. HVDC 换相失败典型暂态响应特性及其抑制措施[J]. 电力自动化设备，2008,28(4)：5-9.

[56] 王智冬. 交流系统故障对特高压直流输电换相失败的影响[J]. 电力自动化设备,2009,29(5):25-29,38.

[57] 艾飞,李兴源,王晓丽,等. 交流系统强度与所联直流输电系统换相失败关系研究[J]. 四川电力技术,2009,32(3):1-4.

[58] 刘建,李兴源,傅孝韬,等. 多馈入短路比及多馈入交互作用因子与换相失败的关系[J]. 电网技术,2009,33(12):20-25.

[59] 王钢,李志铿,黄敏,等. HVDC 输电系统换相失败的故障合闸角影响机理[J]. 电力系统自动化,2010,34(4):49-54.

[60] 李新年,易俊,李柏青,等. 直流输电系统换相失败仿真分析及运行情况统计[J]. 电网技术,2012,36(6):266-271.

[61] 肖俊,李兴源,杨小兵. 多馈入直流系统换流母线电压之间的相互影响及其同时换相失败的研究[J]. 四川电力技术,2009,32(4):11-15.

[62] 刘建,李兴源,吴冲,等. HVDC 系统换相失败的临界指标[J]. 电网技术,2009,33(8):8-12.

[63] 张汝莲,赵成勇,卫鹏杰,等. 直流馈入后交流线路故障对换相失败瞬态特征的影响[J]. 电力自动化设备,2011,31(7):82-87.

[64] 任景,李兴源,金小明,等. 多馈入高压直流输电系统中逆变站滤波器投切引起的换相失败仿真研究[J]. 电网技术,2008,32(12):17-22.

[65] 项玲,郑建勇,胡敏强. 多端和多馈入直流输电系统中换相失败的研究[J]. 电力系统自动化,2005,29(11):29-33.

[66] 邵瑶,汤涌. 采用多馈入交互作用因子判断高压直流系统换相失败的方法[J]. 中国电机工程学报,2012,32(4):108-114.

[67] Zhou C C, Xu Z. Study on commutation failure of multi-infeed HVDC system[C]// International Conference on Power System Technology,2002, IEEE:2462-2466.

[68] 刘炜,赵成勇,郭春义,等. 混合双馈入直流系统中 LCC－HVDC 对 VSC－HVDC 稳态运行区域的影响[J]. 中国电机工程学报,2017,37(13): 3764-3774.

[69] 倪晓军,赵成勇,郭春义. 混合双馈入直流输电系统中 LCC－HVDC 对 VSC－HVDC 系统强度的影响[J],电网技术,2017,41(8):2436-2442.

[70] 倪晓军,郭春义,赵成勇. LCC－HVDC 直流控制模式对混合双馈入直流系统运行特性的影响[J]. 电网与清洁能源,2017,33(1):25-30.

[71] 郭春义,倪晓军,赵成勇. 混合多馈入直流输电系统相互作用关系的定量评估方法[J]. 中国电机工程学报,2016,36(7):1772-1780.

[72] Zhong Q, Yao Z, Lin L, et al. Study of HVDC light for its enhancement of AC/DC interconnected transmission system[C]// Power and Energy Society General Meeting Conversion and Delivery of Electrical Energy in the 21st Century,2008,IEEE:1-6.

[73] 徐岩,刘泽锴,应璐曼. 混合 MIDC 馈入下的工频变化量阻抗方向保护动作特性分析[J]. 电力系统保护与控制,2015,43(5):14-20.

[74] Zhou J Z, Gole A M. Rationalization of DC power transfer limits for VSC transmission [C]//Proceedings of the 11th IET International Conference on AC and DC Power Transmission, 2015, Birmingham: IEEE: 1-8.

[75] 江伟, 张彪, 王渝红, 等. 多馈入直流输电系统的协调恢复策略研究[J]. 电测与仪表, 2017, 54(7): 22-33.

[76] 刘泽锴. 混合多馈入 HVDC 换相失败时控制与保护策略的研究[D]. 保定: 华北电力大学, 2014.

[77] 陈欢, 王振, 杨治中, 等. 并联混合直流输电系统中传统直流和柔性直流暂态无功协调控制策略研究[J]. 电网技术, 2017, 41(6): 1719-1725.

[78] 刘建, 李兴源, 吴冲, 等. HVDC 系统换相失败的临界指标[J]. 电网技术, 2009, 33(08): 8-12.

[79] 艾飞, 李兴源, 李伟, 等. HVDC 换相失败判据及恢复策略的研究[J]. 四川电力技术, 2008 (04): 10-13.

[80] 彭红英. 静止同步补偿器(STATCOM)建模与仿真研究[D]. 北京: 中国电力科学研究院, 2011.

[81] 臧春艳, 裴振江, 何俊佳, 等. 链式 STATCOM 直流侧电容电压控制策略研究[J]. 高压电器, 2010, 46(01): 17-21.

[82] 舒泽亮, 丁娜, 郭育华, 等. 基于 SVPWM 的 STATCOM 电压电流双环控制[J]. 电力自动化设备, 2008(09): 27-30.

[83] 黄剑. 南方电网±200 MVar 静止同步补偿装置工程实践[J]. 南方电网技术, 2012, 6(2): 14-20.

[84] Nayak B, Gole A M, Chapman D G, et al. Dynamic performance of static and synchronous compensators at an HVDC inverter bus in a very weak AC system[J]. IEEE Transactions on Power Systems, 1994, 9(3): 1350-1358.

[85] 倪俊强. HVDC 与 STATCOM 的协调控制策略研究[D]. 保定: 华北电力大学, 2013.

[86] 郭春义, 张岩坡, 赵成勇, 等. STATCOM 对双馈入直流系统运行特性的影响[J]. 中国电机工程学报, 2013, 33(25): 99-106, 16.

[87] 王艺璇. 静止同步补偿器对降低多馈入直流换相失败的应用研究[D]. 济南: 山东大学, 2015.

[88] 龙锦壮. 高压直流输电多送出协调控制策略研究[D]. 保定: 华北电力大学, 2010.

[89] 陈睿, 孙仲卿, 杨银国, 等. 柔性直流与常规直流协调的紧急功率支援策略研究[J]. 电力工程技术, 2017, 36(06): 14-19, 26.

[90] Li C S, Li Y K, He P, et al. Considering reactive power coordinated control of hybrid multi-infeed HVDC system research into emergency DC power support[J]. IET Generation, Transmission & Distribution, 2019, 13(20): 4541-4550.

[91] Li C S, Li Y K, Guo J, et al. Research on emergency DC power support coordinated control for hybrid multi-infeed HVDC system[J]. Archives of Electrical Engineering,

2020，69(1)：5-21.

[92] 邰鹏.混合多馈入直流输电系统中 VSC - HVDC 的控制策略研究[D].吉林:东北大学,2014.

[93] 肖湘宁,罗超,陶顺.电气系统功率理论的发展与面临的挑战[J].电工技术学报,2013,28(09):1-10.

[94] Li H C，Yuan Y B，Zhang X Y，et al. Analysis of frequency emergency control characteristics of UHV AC/DC large receiving end power grid[J]. The Journal of Engineering,2017,2017(13):686-690.

[95] Li C S，Liu Y，Li Y K，et al. An approach to suppress low-frequencyoscillation in the hybrid multi-infeed HVDC of mixed H2. H1 robust-based control theory[J]. Archives of Electrical Engineering，2022，71(1)：109-124.

[96] 杨悦.含大规模风电并网的互联电力系统低频振荡特性分析与控制研究[D].保定:华北电力大学,2018.

[97] 李保宏,张英敏,李兴源,等.多通道高压直流附加鲁棒控制器设计[J].电网技术,2014,38(04):858-864.

[98] 郭利娜,刘天琪,程道卫,等.直流多落点系统控制敏感点挖掘技术研究[J].电力系统保护与控制,2013,41(10):7-12.

[99] 林桥,李兴源,王曦,等.多直流附加阻尼控制的控制敏感点挖掘[J].电力自动化设备,2014,34(07):76-80.

[100] 李从善,刘天琪,刘利兵,等.直流多落点系统自抗扰附加阻尼控制[J].电工技术学报,2015,30(07):10-17.

[101] 马燕峰,赵书强,顾雪平.基于输出反馈和区域极点配置的电力系统阻尼控制器研究[J].电工技术学报,2011,26(04):175-184.

[102] 李保宏,张英敏,李兴源,等.多通道高压直流附加鲁棒控制器设计[J].电网技术,2014,38(04):858-864.

[103] 朱晓东、石磊、陈宁,等. 考虑 Crowbar 阻值和退出时间的双馈风电机组低电压穿越[J]. 电力系统自动化，2010，34(18)：84-89.

[104] 李辉,陈宏文,杨超,等.含传输线功率信号的双馈风电场附加阻尼控制策略[J].电力系统自动化，2012，36(24)：28-33.

[105] 郝正航,余贻鑫.励磁控制引起的双馈风电机组轴系扭振机理[J].电力系统自动化,2010,34(21):81-86.

[106] Guo C Y，Zhang Y. Gole A M，et al. Analysis of dual-infeed HVDC with LCC - HVDC and VSC - HVDC[J]. IEEE Transactions on Power Delivery，2012，27(3)：1529-1537.

[107] 陈宝平,林涛,陈汝斯,等.机侧与网侧多通道附加阻尼控制器参数协调综合抑制低频振荡和次同步振荡[J].电力自动化设备,2018,38(11):50-56+62.

[108] Ke D P，Chung C Y，Xue Y. Controller design for DFIG-based wind power generation

to damp interarea oscillation[C]//5th International Conference on CriticalInfrastructure (CRIS)，September 20-22，2010，Beijing，China：1-6.

[109] Li C S，Fang Y，Shi S Y，et al. Analysis on damping characteristics of hybrid multi-infeed DC system with wind farm[J]. Journal of Electrical Systems，2020，16(3)：295-307.

[110] Li C S，Fang Y，He P，et al. Additional damping control of a hybrid multi-infeed DC system with a wind farm [J]. Recent Advances in Electrical and Electronic Engineering，2021，14(2)：189-197.

[111] Kundur P. Power System Stability and Control [M]. New York：McGraw-Hill，2005.

[112] 高骏，王磊，周文，等. 双馈风电机组电网背景谐波运行与谐波抑制策略研究[J]. 电力系统保护与控制，2016，44(23)：164-169.

[113] 倪斌业，向往，鲁晓军，等. 基于状态反馈附加阻尼控制的柔性直流电网抑制低频振荡[J]. 电力自动化设备，2019，39(03)：45-50,57.

[114] 赵睿，李兴源，刘天琪，等. 抑制次同步和低频振荡的多通道直流附加阻尼控制器设计[J]. 电力自动化设备，2014，34(3)：89-93.